# ふるさとの星 和名歳時記

# 春の星空

## 星図時間

4/ 1──24:00 頃
4/15──23:00 頃
5/ 1──22:00 頃
5/15──21:00 頃
6/ 1──20:00 頃

（仙台市天文台）

# 夏の星空

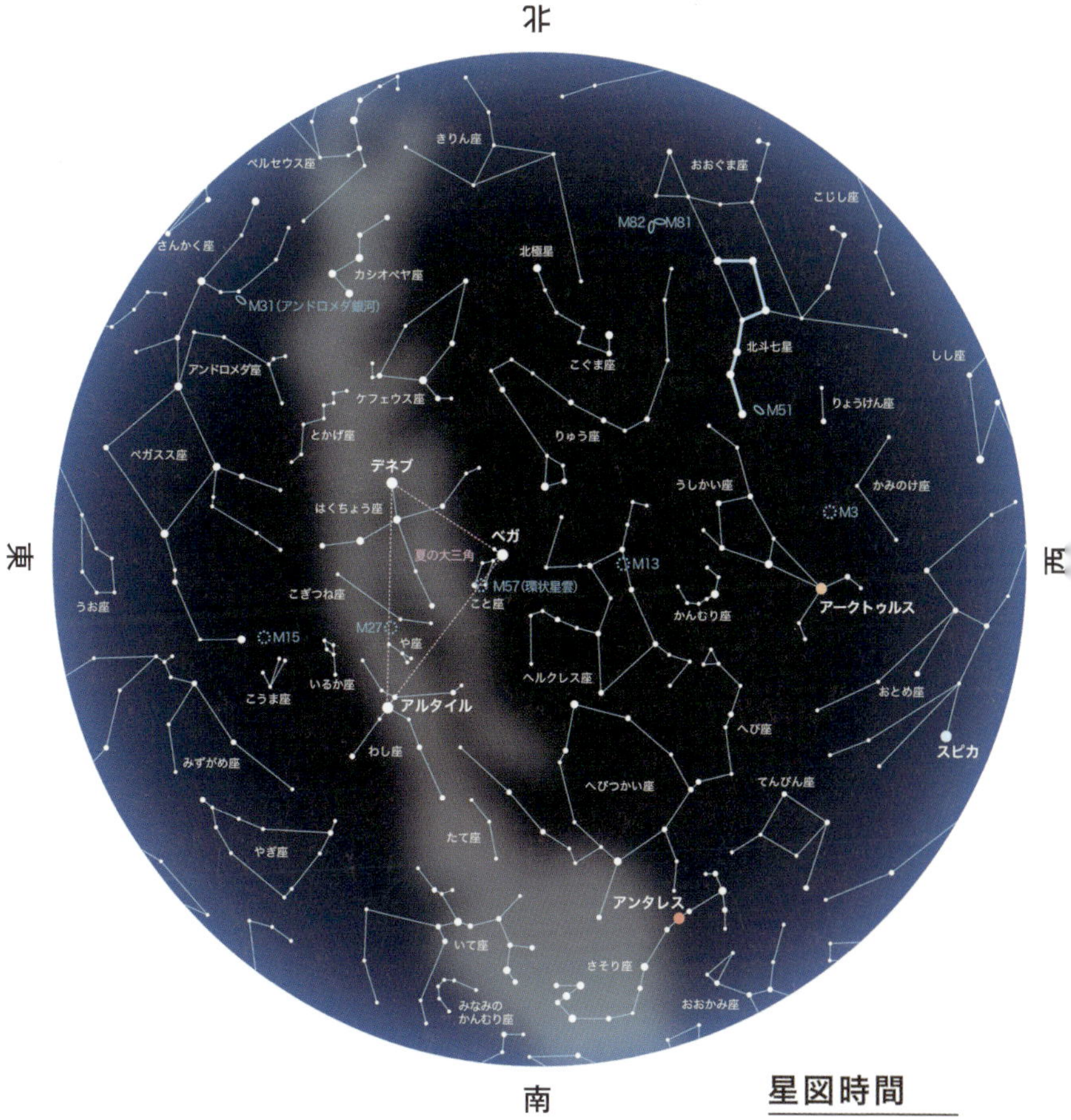


## 星図時間

| | |
|---|---|
| 7/ 1 | 23:00 頃 |
| 7/ 15 | 22:00 頃 |
| 8/ 1 | 21:00 頃 |
| 8/ 15 | 20:00 頃 |
| 9/ 1 | 19:00 頃 |

# 秋の星空

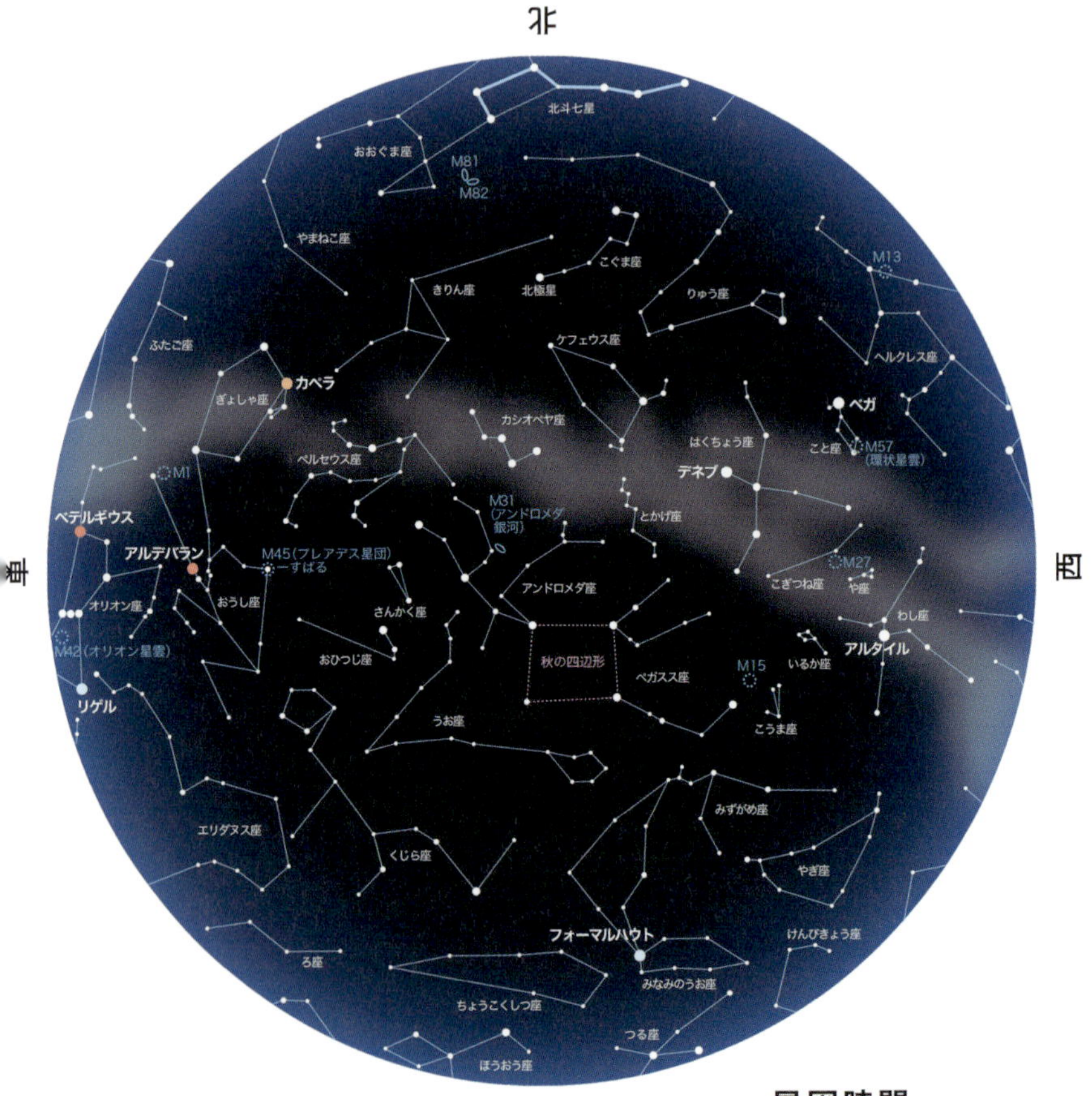


## 星図時間

10/　1――23:00 頃
10/ 15――22:00 頃
11/　1――21:00 頃
11/ 15――20:00 頃
12/　1――19:00 頃
12/ 15――18:00 頃

# 冬の星空

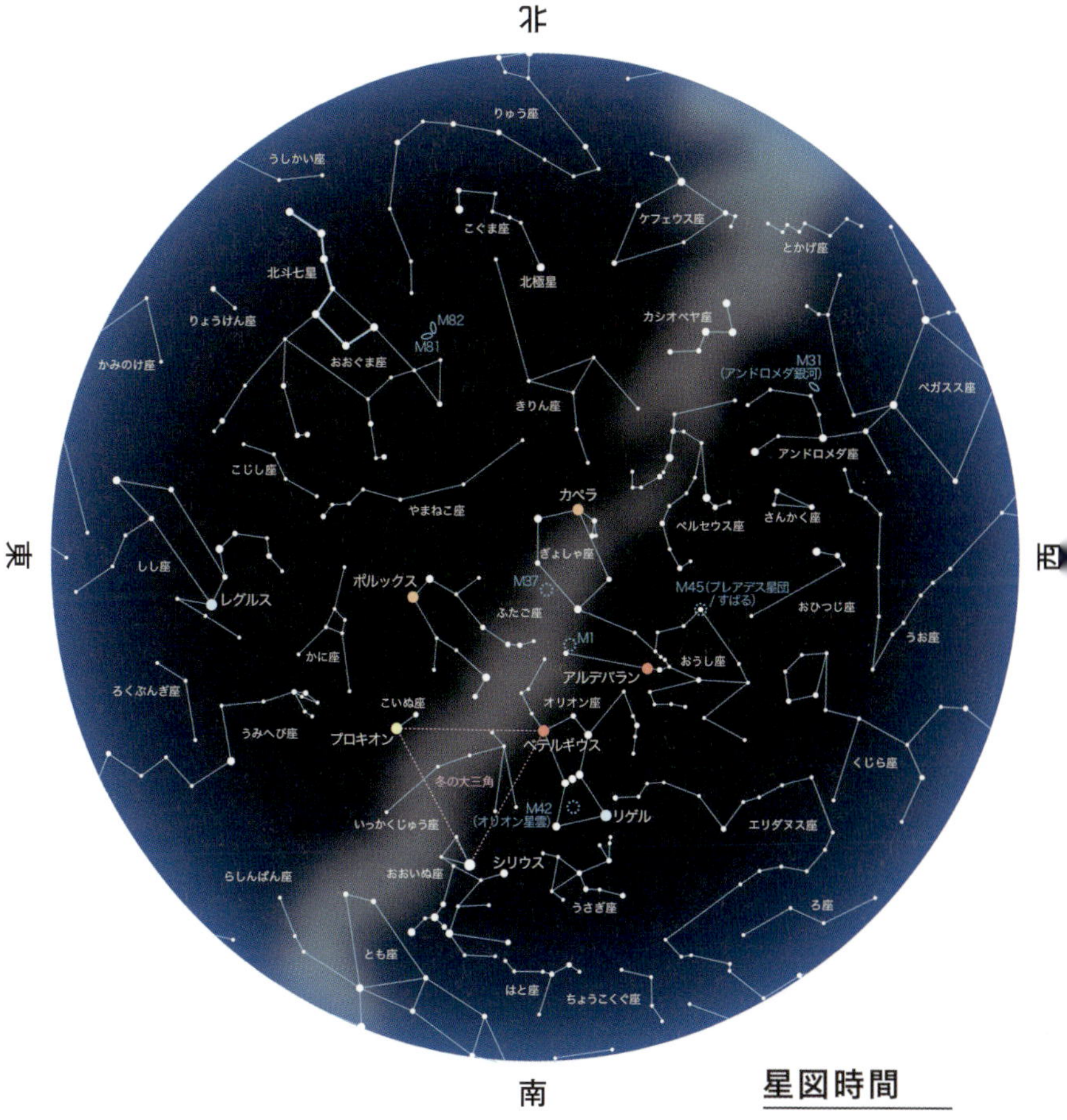


## 星図時間

1/ 1——23:00 頃
1/15——22:00 頃
2/ 1——21:00 頃
2/15——20:00 頃
3/ 1——19:00 頃

# はじめに

観測室に続くらせん階段を昇り、ドームのスリット（窓）を開けた瞬間、私の目に飛び込んでくる星の光。凍《い》てつくような空気を通して眺める冬の星たち。氷のかけらのようにきらめくその輝きは、言いようのないほど美しい。

ドームを回し南の空に望遠鏡を向ける。冬の銀河のほの白さの中に立ち上がるオリオン座が鮮やかだ。雄大で豪壮な姿はまさに星座の王者と言われるにふさわしい。そのオリオン座の真ん中に二等星が三つ、ほぼ等間隔で実に行儀良く並んでいる。これが有名なオリオン座の三つ星である。まるで誰かが意識して並べあげたかのようなその姿は、昔から多くの人々の目をひき、航海の目当て、あるいは季節の移ろいを知る目印とされてきた。

もちろん、夜空には三つ星の他にもそのような目で見られてきた星の並びが数多くある。星に名をつけたり、隣の星と結んでより覚えやすくしたり、このような人々の知恵のなかから〝星座〟が生まれ出てきたのである。

私は天文台勤務という仕事柄、今まで多くの方々に望遠鏡で星を見てもらったり、星座の案内をさせていただいたりした。そういった折によく受ける質問がある。

「日本固有の星の名はないのですか?」

というものである。確かに私たちが使用している星座や星の固有名はほとんどが外来のものである。しかし、あれほど人の目をひく三つ星に、私たちの祖先が目を向けないはずがない。私たちのふるさとにも、その土地特有の星の名があるに違いない。

このような思いから、宮城県における星の方言調査を始めたところ、多くの星の和名を採取することができた。しかし、今ではそのような星の名を記憶しておられるお年寄りの方も少なく、時代の流れとともに、ふるさとの星の名も消え去ろうとしている。

読者諸氏のなかで、そのような星の名や言い伝えをご存じの方がおられたら、ぜひご報告を願いたい。本書では、わがふるさと宮城に伝わる星の名を、天文学的な解釈を交えながら紹介してみたいと思っている。

※本書は、昭和六十二(一九八七)年一月から十二月まで河北新報朝刊に連載された『ふるさとの星』をもとに、写真を全て入れ替えて再構成しました。本文に出てくる方の肩書や年齢などは当時のままです。

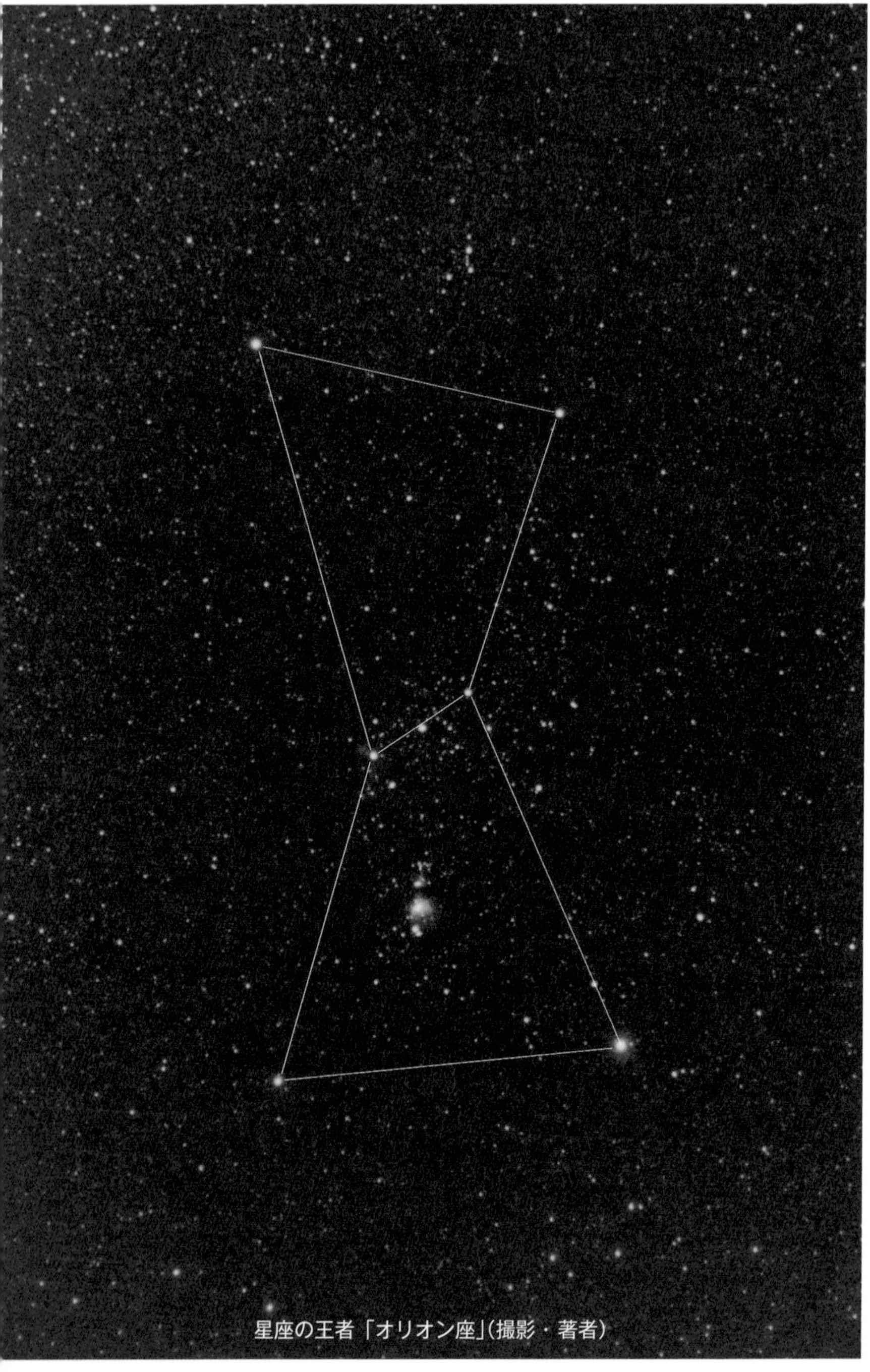

星座の王者「オリオン座」（撮影・著者）

目次

※表紙の写真は北の星空の日周運動（撮影・前川義信）、
扉の写真は右下が金星、左やや上が木星（撮影・十河《そごう》弘）

イラスト・立花沙由里

# ふるさとの星　和名歳時記

## 星の神様

# 三大星（サンダイショウ）

オリオン座は、明るい星々が形良く並んだ実に見事な星座である。そのオリオン座の中心をなすのが三つ星である。極めて単純な名前ではあるが、数を使って表す星の名としては、最も実感がこめられているような気がする。青白く輝く三個の星が一文字に並んだその印象は鮮やかで、真冬の寒気はここから吹き出して来るのではとさえ思われる。

三つ星はほぼ天の赤道上に位置しているため、真東から昇って真西に沈むことになる。初冬のころ、真東の地平線上に縦一列で姿を現し、真南を通過するころには斜めに傾き、春も終わるころになると、横一列となって真西の地

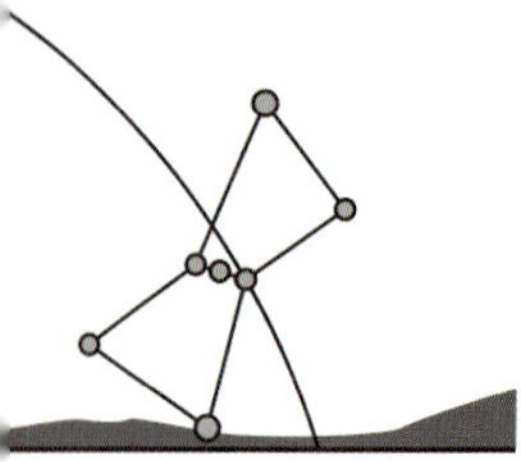

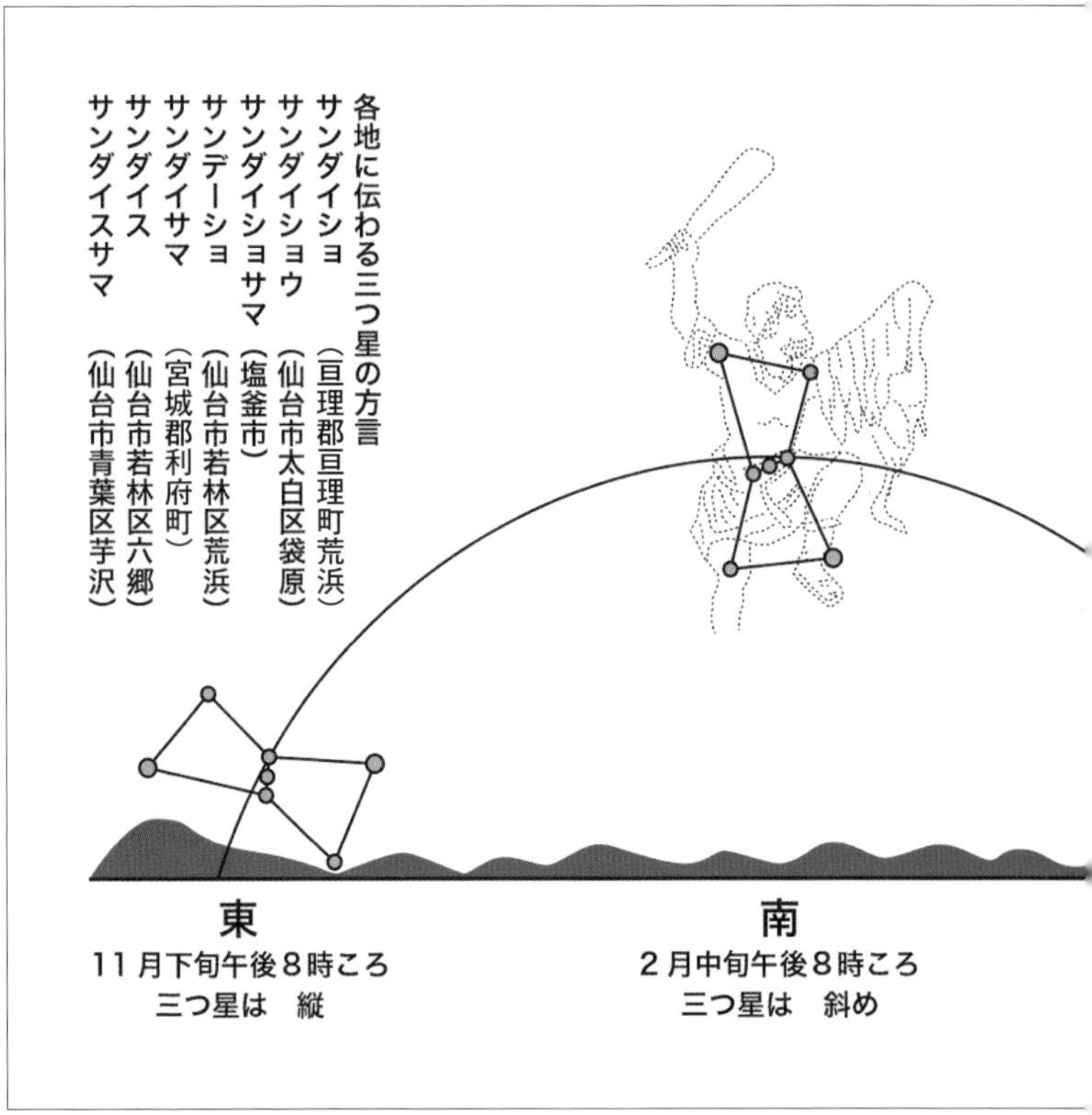


オリオン座の動きと「三つ星」の傾き具合

平線へ姿を隠していく。そのため、方角・時刻・季節などを知る絶好の目印となる。この性質がゆえに、三つ星は昔から人々に親しまれ、あがめられており、その和名も広く全国に分布している。

宮城県における三つ星の方言で、目立つのが「サンダイショウ（三大星）」である。県内ほぼ全域からこの名を採取することができた。しかも、その名が各地を転じていく間に、生活用語のアクセントやイントネーションが巧みに加えられつつ、その土地に定着していったことがうかがえる（その例は図に示しておく）。

昭和五十四年の暮れのころ。星の和名採取のため、宮城町芋沢字畑前（現・仙台市青葉区芋沢畑前）を訪れた折のことである。淡い冬の日差しを浴びながら、白菜の取り入れをするおじいさんが、その手を休めて話をしてくれた。

「自分がまだ子供のころ、ちょうど今ごろの季節だった。私の両親は、東の空に、サンダイスサマがはっきり見えるころになると、決まって家に戻って来るものだった。そして、サンダイスサマは空の神様であるから、その光が見えたら、大願成就の願いを込めて手を合わせなさいと言われたものだった」

このような話を聞いたとき、私の胸には何かほのぼのとしたものが込み上げ、私の歳では知るべくもない、その当時の生活の様子が、はっきりと見てとれたような気がしたものであった。

# 三大将軍とその家来
（サンダイショウグンとソノケライ）

伊達・上杉・南部

ギリシャ神話によれば、オリオンは、豪力無双の狩人とされている。夜空に昇ったオリオン座を眺めると、直線的な星の並びは実に見事で、確かに豪力無双の狩人を連想させる。オリオン座の三つ星に目を向けると、すぐ下（南）に小さな星が三つ、縦一直線に並んでいるのが分かる。これが小三つ星である。三つ星と小三つ星を組み合わせて見ると、三つ星単独のときより鮮やかな星並びとなるから不思議である。この星並びにまつわる星の方言はないものだろうかと、各地を尋ね歩いていたころ。親しい友人が、タクシーの運転手さんから聞いたという話を知らせてくれた。

昭和二十年の暮れのころだったと思う。おじいさんに連れられて炭焼きの手伝いに出掛けた。宮城町（現・仙台市青葉区愛子《あやし》）の愛子駅から列車に揺られて作並駅まで。駅から歩くこと五十分。奥羽山系の険しい山道を昇り詰めたところに、おじいさんの炭焼き小屋が待っていた。冬の日の入りは早い。炭焼きの段取りが終わるころには、日はとっぷりと暮れていた。木枯しの吹く

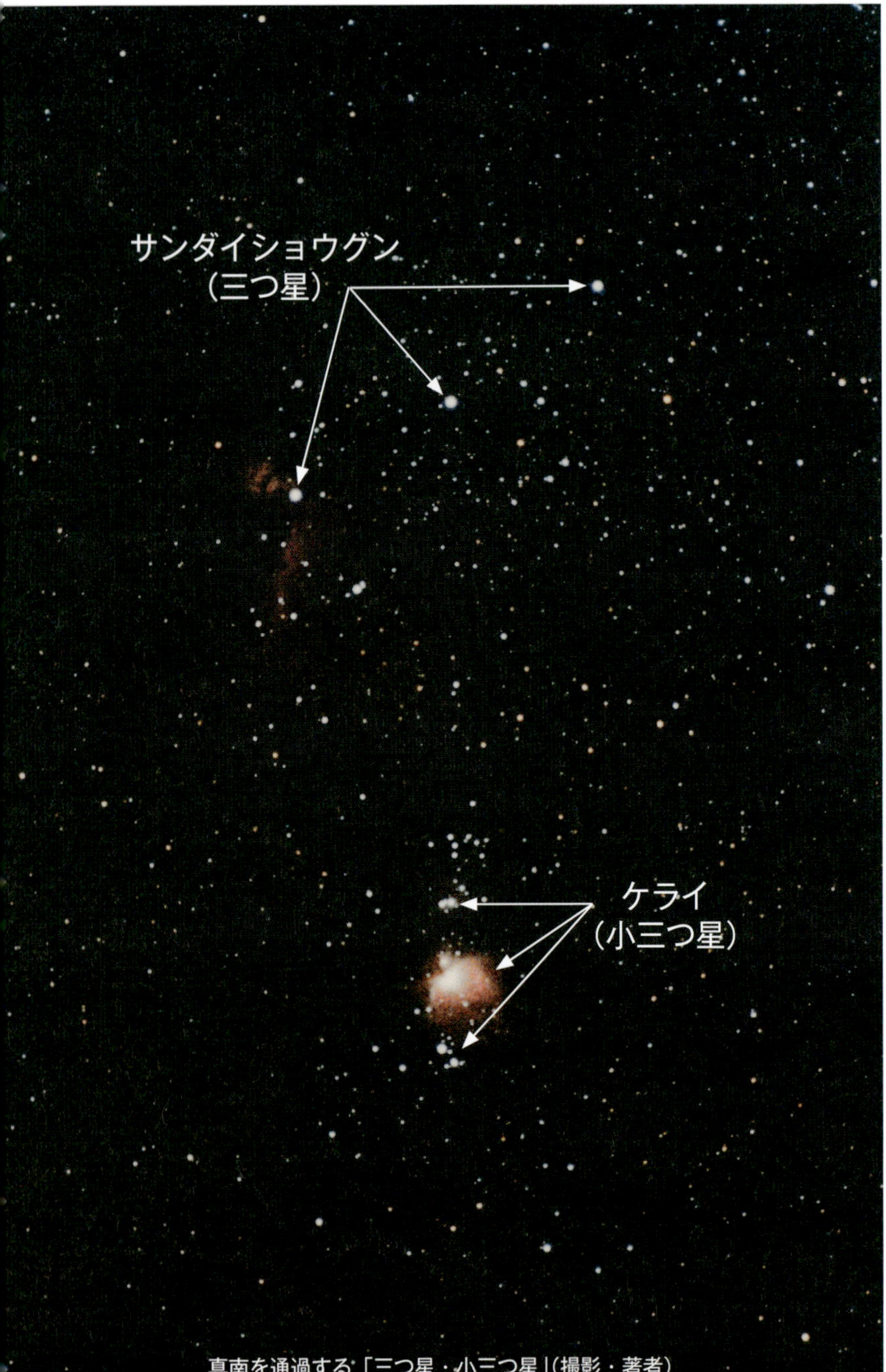


真南を通過する「三つ星・小三つ星」（撮影・著者）

星空には〝三大将軍とその家来（三つ星と小三つ星）〟がきらきらと光っていた。おじいさんは自分に言ったものだ。「炭焼きの火入れや火止めの時間は、〝三大将軍とその家来〟がみんな教えてくれんだ」

最初は何のことか分からなかったが、三つ星や小三つ星が、山の頂きを通過したり、あるいは、山陰や大木の陰に隠れたり現れたりすることで時刻を計っていたのだった。このことを知ったとき、子供心にもおじいさんの観察眼の鋭さに驚いたものだった。

宮城県に伝わる三つ星の代表的方言サンダイショウ（三大星）が、ここでは三大将軍となっている。この名の響きは、オリオンの名にだって負けない素晴らしいものだと思っている。さらに調べてみると、サンダイミョウ（三大名）と呼んでいる地方もある。このことを考えると、三大将軍や三大名とは、伊達・上杉・南部のことを指しているのではと思うのだが、それを裏付けるだけの資料を手にしていない。

これらに関する名前や話をご存じの方がおられたら、仙台市天文台まで報告を願いたい。

# 親星・子星（オヤボシ・コボシ）

## 心温まる伝説

寒風に揺られながら輝くオリオン座の三つ星。寒さが厳しくなればなるほど、その青白色の光もいよいよ冴《さ》え渡り、星空を仰ぐ人々の目を引きつける。サンダイショウ（三大星）の名で古くから親しまれてきたこの星の並びも、その傾き加減によって、つまり、時刻や季節によって、眺める人々に違った印象を与えている。その印象の違いは、サンダイショウとは別の呼び名となって各地に残っている。

昭和五十年一月十二日。亘理町荒浜でのことである。思うように星の方言を採取できずにいた私は、降りしきる雪の中、あまりの寒さに耐えきれず、暖かい牛乳でも飲んで暖をとろうと、傍らの牛乳販売店に飛び込んだ。そこで、店のおばあさんから「オヤボシ・コボシ（親星・子星）」の名を聞くことができた。

しかし、それが見える季節や方角・時刻など、詳しいことは覚えていないということである。早速その界隈《かいわい》を尋ね歩いたが、「オヤボシ・コボシ」の名を耳にすることはできなかった。「オヤ

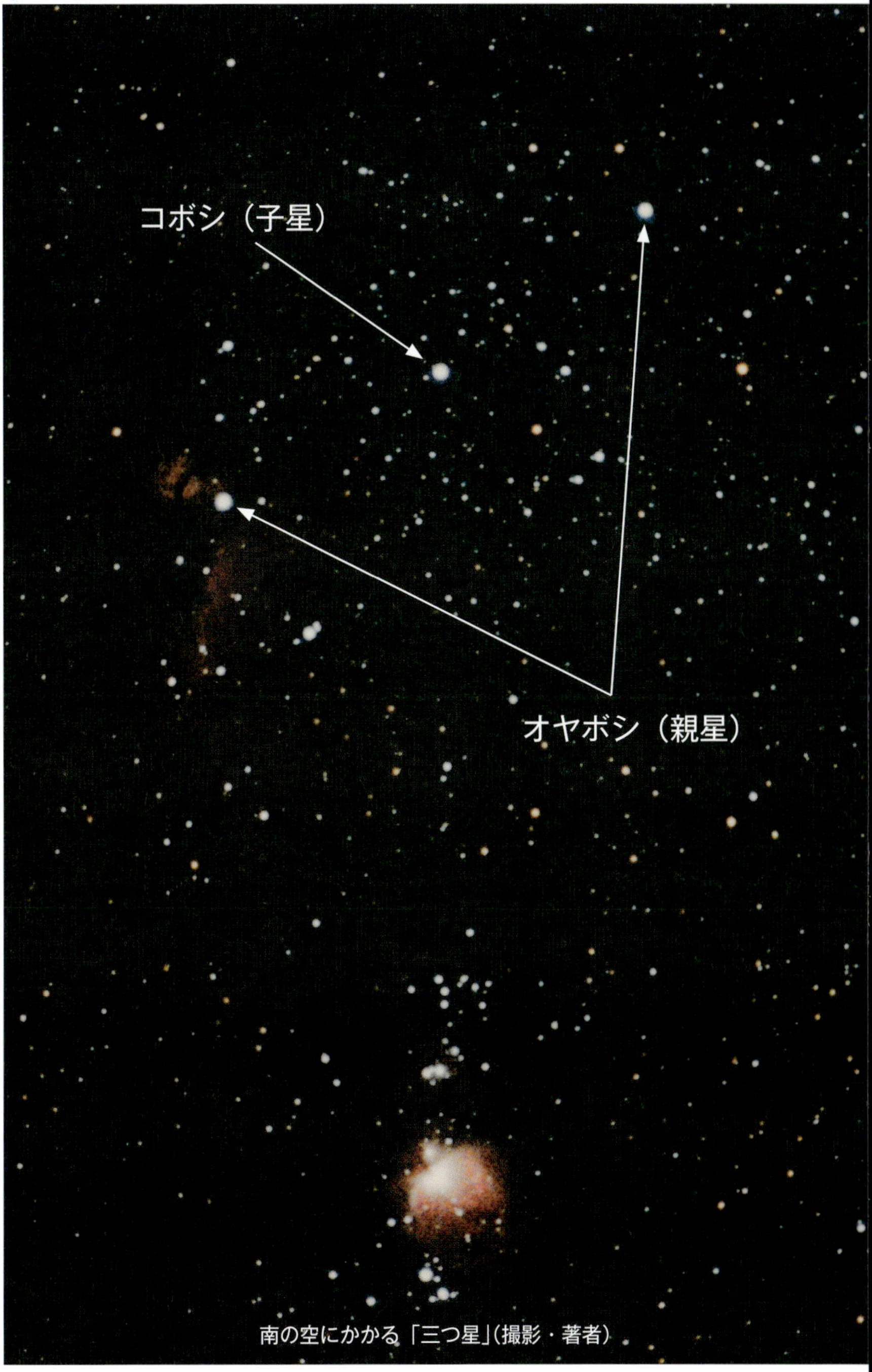

南の空にかかる「三つ星」（撮影・著者）

ボシ・コボシ」が三つ星そのものだと確認できたのは、一年後の秋。塩釜で採取することのできた「オヤコボシ（親子星）」の名に接したときであった。その話を紹介してみよう。

「冷たい風が吹き抜ける真冬の夜更け。西の空に青白く光る三つの星が見える。仲良く横一文字に並んでいるのは、真ん中の子供の星が冷えないように、両脇の親星が温めている姿である。親子の星が、地平線に近づくころになると春が巡ってくる」

なんと心温まる話だろう。物質文化の氾濫によって、精神文化の荒廃が進みつつある現代。〝オヤボシ・コボシ〟の名に込められた当時の人々の心のぬくもりが、今の私たちにとって一番必要な〝もの〟ではないだろうか。

女川町にても同様の話を採取している。その内容は、仲の良い三人兄弟の話となっており、三つ星に対する呼び名も、オヤボシ・コボシではなく「キョウダイボシ（兄弟星）」となっている。

# すばる（スバル）

## いくつ見える？

初冬の宵、東の空に目を向けると、青白い光に包まれたひとかたまりの星群れを目にすることができる。穏やかで清楚《せいそ》なその光に見とれていると、そのすぐ東に、ややまばらではあるが、くさび形に並んだ星の群れが昇っている。この二つの星の群れが、冬の先駆けとして登場するおうし座のプレアデス星団とヒアデス星団である。オリオン座の北、やや西よりの空に位置するおうし座は、その緯度の高いこともあって、半年もの長きにわたり星空のどこかに見られる。

おうし座におけるプレアデス星団の顕著な星並びは、古くから農耕・漁労を営む人々にとって、オリオン座の三つ星と同様に、季節や時刻を知る格好の目当てとされてきた。

プレアデス星団の日本名が「スバル」（昴）である。その語源は古く、清少納言の著した有名な随筆集『枕草子』の一節にも記されている。

「星はすばる。ひこぼし。明星。夕づつ。よばひ星をだになからしかば、まして…」

星々の美しさを順に讃《たた》えあげたものであり、その筆頭に〝スバル〟が記されている。厳寒の星空に清らかな光を放つスバルの印象は、確かに、清少納言をして、全天で最も美しい星と言わしめるにふさわしい姿ではある。

環境庁（現・環境省）大気保全局では、大気の清浄度調査という主旨のもとに「星空観察（現在休止中）」を実施することにしている。観察日が二月一日と三月一日。観察時刻は両日ともに午後七時から八時までの一時間とされており、その観察対象に指定されているのがスバルである。普通の視力の人であれば、群れの中に六個から七個の星が認められる。さらに目の良い人は九個から十個、いや、私はもっと見えると言う人もいる。

冬の透明な大気のもと、自分の住んでいる場所から眺めたスバルに、一体いくつの星が認められるか、「目試し」してみてはいかがだろうか。

すばる（スバル）

おうし座にかかる二つの散開星団(撮影・著者)

# 六連星〈ムヅラボシ・ムヅボシ〉

美しき案内役

プレアデス星団の日本名〈スバル〉は、平安の昔につくられた和名である。元来は関西地方を中心として言われていた名であったが、現在では、日本全国にわたって使われており、標準語となった感さえある。

さて、この〈スバル〉という名の意味であるが、まとまるという意味の古語「統《すば》る」からとも、あるいは平安貴族が好んで着用したという玉飾り「御統《みすまる》（美須麻流）之珠《のたま》」からとも言われている。

宮城県における〈スバル〉の方言にも特筆すべきものがある。肉眼で見た〈スバル〉が青白い六個の星の連なりに見えるところからきた、〃ムヅラボシ〃（六連星）あるいはそれが転訛《てんか》したと思われる〃ムヅボシ〃や〃ムヅラ〃の名である。

昭和五十六年三月。雄勝町（現・石巻市雄勝町）を訪れた折のことである。老漁師さんから聞くことのできた話があるので紹介してみよう。

イカ釣りの役星「ムヅラボシ」(撮影・前川義信)

「今はもうやってねえと思うが、俺たちの若いころには、夜に海に出れば星を目当てに仕事をしたもんだ。特に、秋口から始まるイカ釣りの時なんどは、〝ムヅラ〟はいいヤグボシ（役星・漁の季節や時刻を測定するために用いられた星）だった。その昇り加減を測りながら漁をすると、面白いように釣れたもんだった。しばらくして昇ってくる〝アドボシ〟（後星・おおいぬ座のシリウス星）の出を待って漁を打ち切り、港に戻ったもんだった」

　この話には、〝ムヅラ〟というネーミングの確かさもさることながら、イカ釣りの季節や時刻をたがえることのないよう、〈スバル〉運行の性質を、長年の観察経験から見てとった洞察力の鋭さがうかがえる。実際、天空における〈スバル〉の位置は、ほぼ黄道（太陽の通り道）上にあるため、星空の真ん中を通ることとなる。

さらに、東の空にあっては太陽の先駆けの役目を果たし、宵の西空にかかれば、沈む太陽とほぼ同じ方角に輝きだすのである。都会に生活する人々の中に、〈スバル〉の持つこのような性質に気付いている人が果たしているのだろうか。そんなことを思う時、群れて輝く〈スバル〉という美しい自然の目印をも、実生活の中に巧みに取り込んだ、昔の人々のしたたかさに驚かされる。

# 七つ星（ナナツボシ）

## 方言を勘違い

「今、東の空に光っている〝ナナツボシ〟（七つ星）が頭の上に来てピカピカ光るころになれば、とってもうまい新米が食べられるんだぞ。私が子供のころ、両親はそんなふうに話してくれた」

昭和五十四年十二月。宮城町大倉（現・仙台市青葉区大倉）定義如来前の茶店のおばさんから聞いた話である。

七つ星といえば、誰でも思い浮かべるのが、柄杓《ひしゃく》の形で有名な北斗七星であろう。実際、北斗七星の方言として〝ナナツボシ〟の名を使う地方は多く、その分布は日本全国にわたっている。おばさんの話を聞いた私は当然のように北斗七星の姿を思い浮かべ、その場を後にした。

数年後のことである。〝ナナツボシ〟の名を思い出した私は、星座早見盤の日付目盛を新米の食べられるころ、つまり、秋の季節に合わせ、北斗七星の動きと高さを追ってみた。何と、一晩中星空を眺めたとしても、頭の上に来ないではないか。空高く昇るころには夜が明けてしまうの

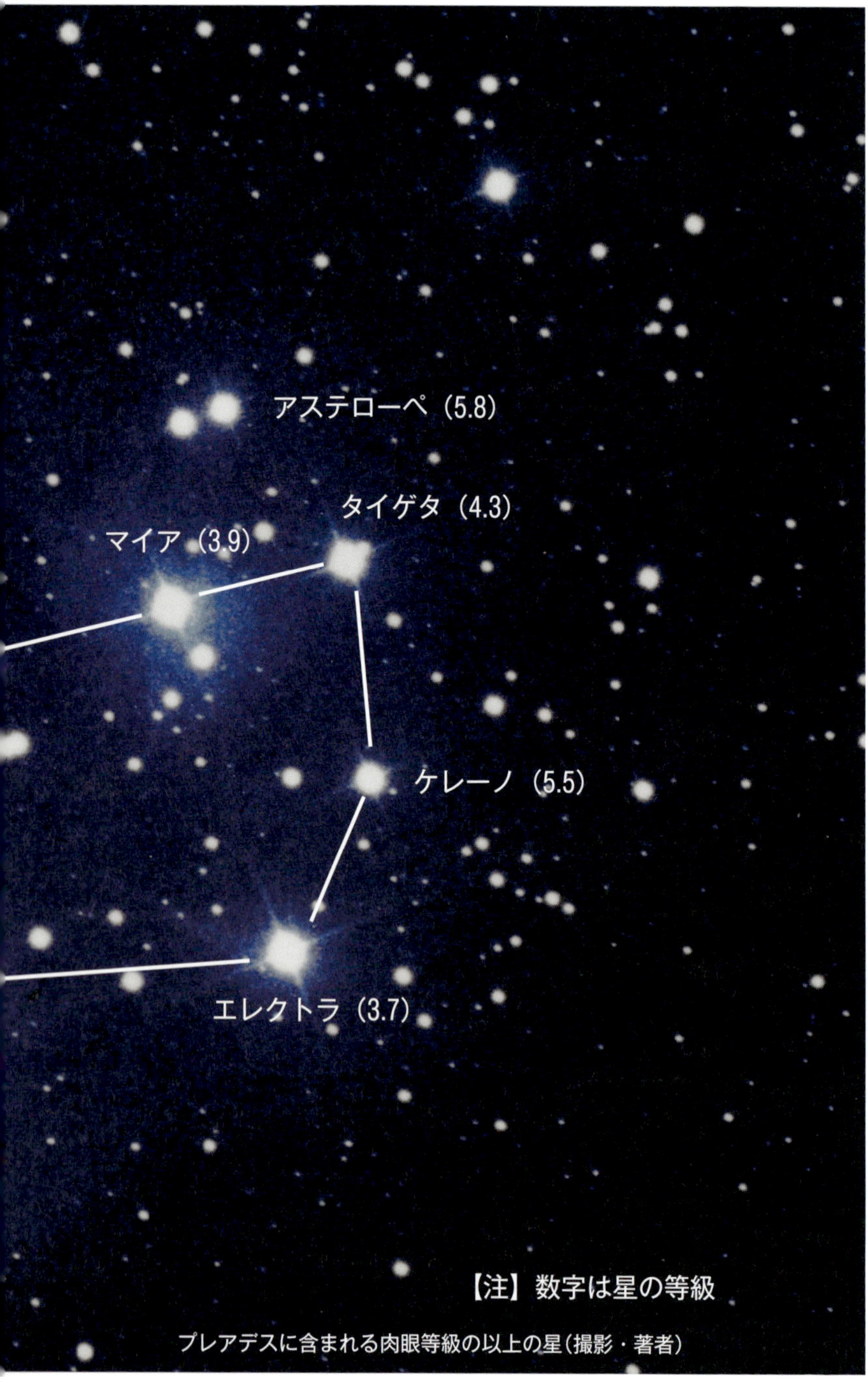

プレアデスに含まれる肉眼等級の以上の星（撮影・著者）

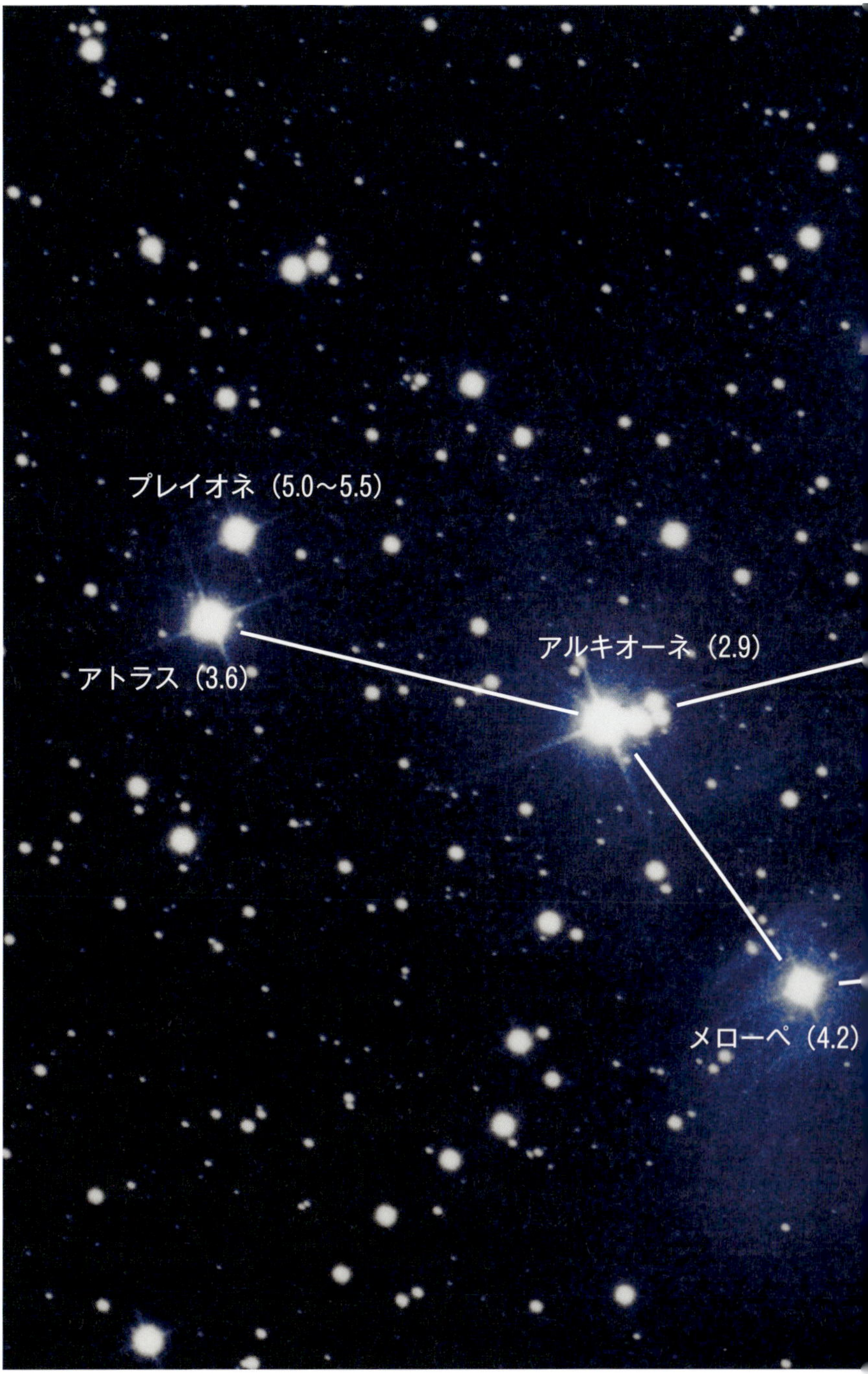
プレイオネ（5.0～5.5）
アトラス（3.6）
アルキオーネ（2.9）
メローペ（4.2）

である。

とすれば、おばさんの言う〝ナナツボシ〟は北斗七星ではないということになる。新米が出回り、それを口にするのは遅くとも晩秋のころであろう。その夜更けに空高く光る七つの星。これらの条件を全て満たしてくれるのは、プレアデス星団（スバル）をおいて他にない。

確かに、透明な空気のもとで見上げるプレアデス星団には、肉眼でも七個の星が認められる。現在のような光害も無かったであろう昔の夜空であれば、七個はおろか八個、九個の星が見えても不思議ではない。

後日、星の和名採取で名高い故・野尻抱影氏の著した『日本星名辞典』を精読していたところ、山形県南村山地方にて言われる〝ナナツボシ〟は、プレアデス星団を指している旨の報告を見た。やはり、〝ナナツボシ〟は北斗七星ではなかったのである。

〝ナナツボシ〟といえば北斗七星である。この常識（？）にとらわれたばかりに、その名の指す真の星を取り違え、危うく、ふるさとの星の名を消し去るところであった。確認の作業が、いかに大事であるかを痛感させられたものである。

# 後星・大星（アドボシ・オオボシ）

## 鮮やかな巨光

全天第一の輝星がおおいぬ座のシリウスである。シリウスとはギリシャ語の「セイリオス（焼き焦がす）」から命名されたものである。厳寒の星空に鋭く輝くその光は他の星々を圧倒し、まさしく、周囲の星たちを焼き焦がさんばかりのすさまじさである。古代中国においては、青白い光を放ってギラギラと輝くその印象を、天駆ける狼《おおかみ》の鋭い眼光に例えて「天狼星《てんろうせい》」と呼んでいる。

オリオン座の三つ星を結び、それを南東の方向へ伸ばすと見つかる星がシリウスである。とにかく明るく良く目立つ星である。ぜひ一度眺めていただきたいものである。

オリオン座とおおいぬ座の位置関係は、写真を参照していただくとよく分かる。シリウスとわが太陽とを比較してみると、直径は約二倍、実際の明るさは二十六倍、重さが二・四倍となっている。表面の温度はほぼ一万度。天文学的観点に立ってみれば、温度は高いがごく普通の星といえる。シリウスの素晴らしい明るさは、日本から見える星（惑星は除く）のなかでは、最も地球

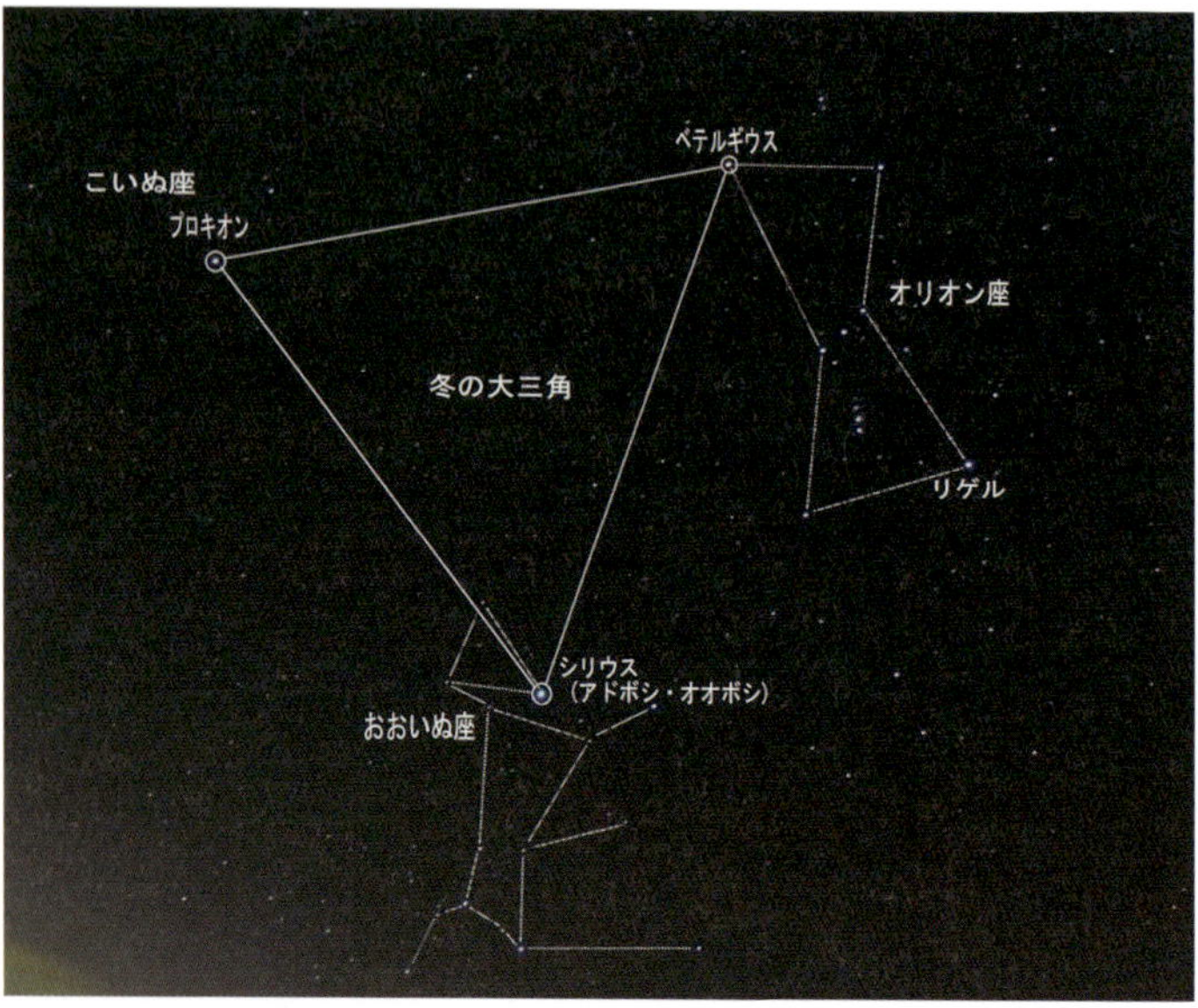

オリオン座とおおいぬ座の位置関係（撮影・前川義信）

全天第一の輝星シリウス（撮影・仙台市天文台）

に近い距離（八・六光年）に位置している故なのである。

私たちの目に映る数多くの星々のなかで、最も明るく、つまり、最も目立つであろうシリウスであるが、どういう訳か、その日本名は全国的にみても少ないのである。宮城県にて言われるシリウスの方言も、わずか二例の採取にとどまっている。

その一つが桃生郡雄勝町（現・石巻市雄勝町）にて言われる〝アドボシ〟（後星）である。漁労の目当てとされたオリオン座の三つ星（サンダイショウ）に後続して昇るところからの命名である。夜空において際立つ星並びを中心に、その前後に昇る星を〝サキボシ〟〝アトボシ〟と呼ぶ地方は多い。漁の開始・終了の目当てとしていた訳である。亘理町荒浜では〝オオボシ〟（大星）の名を採取している。誰の目にも鮮やかな巨光を放つシリウスの印象を、そのまま呼び名としたすがすがしさが感じられる。

全天第一の輝星シリウス。その日本名が少ないことは誠に不可解である。いまだに埋もれたままの名があるのではなかろうか。読者諸氏の報告を願いたいと思う。

# 松杭・三角（マツグイ・サンカク）

## 夜空の灯台

「沖から帰ってくる時は、マツグイとサンカクを当てにする。どっちも天井から少し北に下がった辺を沖から山の方に動く。マツグイは戌《いぬ》（北北西）の方へおさまって、二つ並んで負けずにピカピカ光る星。サンカクは亥《い》（西北西）の方角へおさまる星だ」

　亘理町荒浜の漁師の話として『日本星名辞典』（野尻抱影著）に記載されている一節である。〃マ

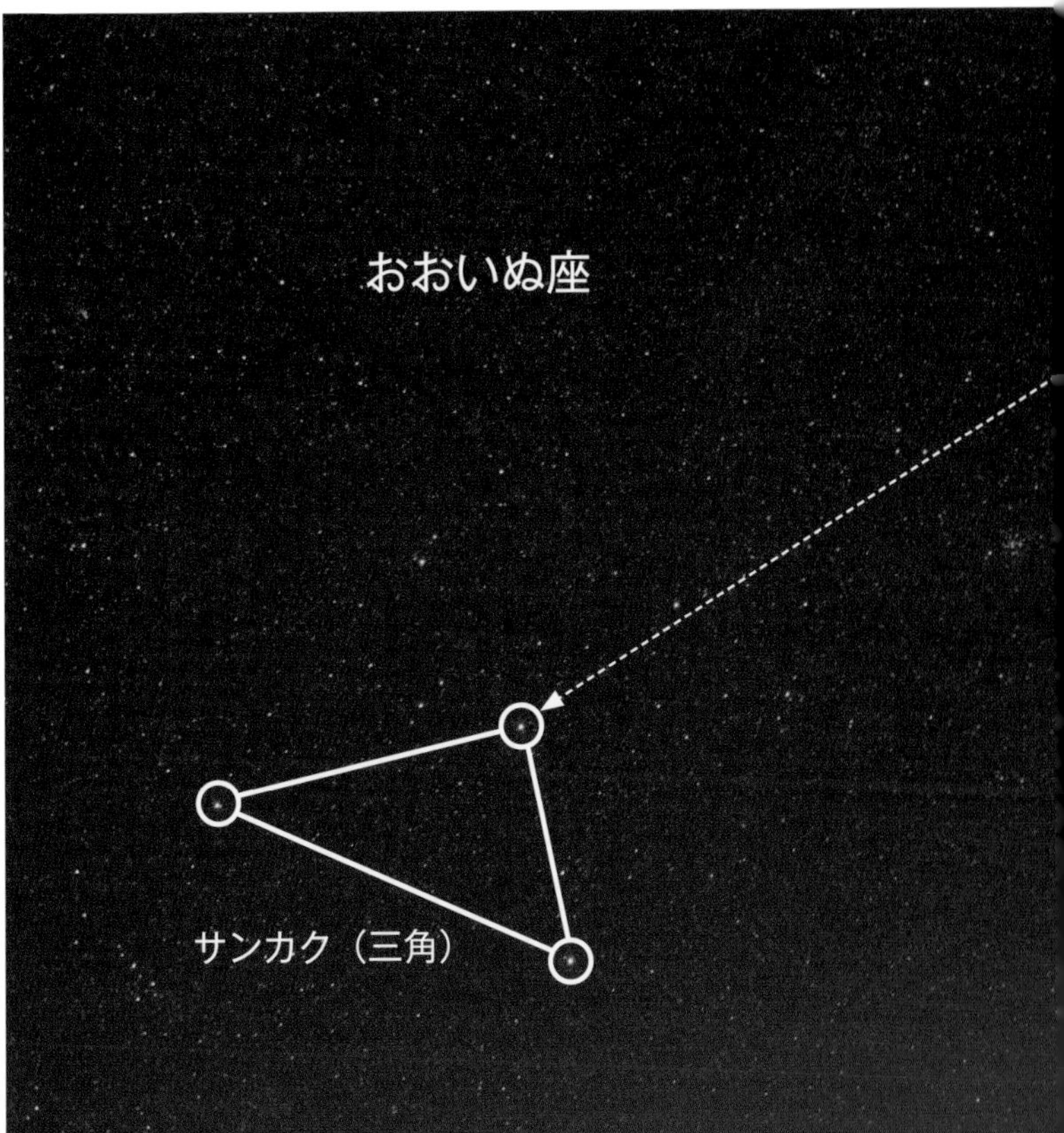


おおいぬ座「シリウスとサンカク」の位置関係（撮影・前川義信）

ツグイ〟（松杭）とは、ふたご座に光る二つの明るい星、カストル（一・六等）とポルックス（一・二等）を主とした星並びの表現である。〝サンカク〟（三角）は、おおいぬ座の下半身を造る三つの二等星を結んだものであり、実に見事な直角三角形となっている（写真参照）。

漁を終えて港に戻る舟。へさきを見つ

める漁師。眼前に輝く美しい星。その動き・高度・方位を観察することにより自船の位置を求め、帰るべき港の方向を探知する。確かで鋭い観察眼なくしてできる作業ではない。何の変哲もないかのように光る星のきらめきも、それを見つめる漁師の目には、星は時計であり方位磁石であると映っていたに違いない。こんなことを考えると、美しく光る星の輝きは、大自然が造り上げた「夜空の灯台」ではとさえ思えてくる。

『日本星名辞典』には、もう一つふるさとの星の名が載せられていた。古川市(現・大崎市)での採取によるという奇妙な星名〝サンポウコウジン〟(三宝荒神)である。昔の旅人が使った、道中馬の三人乗りのやぐらのことで、オリオン座における三つ星の横並びを、三人の旅人姿と見たものとの説明があった。

極めて目立つ三つ星にはその方言も多い。しかし〝サンポウコウジン〟というネーミングは、他のどの方言よりユニークなものに感じられる。

一迫町(現・栗原市)の郷土史研究家・狩野義章氏より、当地に伝わる「三星親子」の報告をいただいた。オリオン座の三つ星を入れ込んだ話として珍重されてよい民話である。

今回は、私自身が直接採取したものではなく、報告いただいた、あるいは文献から見いだしたふるさとの星の名を紹介してみた。

# 跳ねっこ・跳ねこ星（ハネッコ・ハネコボシ）

## 水平線上に突然

夜空に光る星々のなかで最も明るく、そして美しく輝くところから、ギリシャ神話に登場する美の女神「ビーナス」の名で呼ばれているのが金星である。とにかく素晴らしい輝きであり、最も明るくなったときの光量は並の一等星のほぼ百倍にもあたる。注意深く捜せば昼の空でも肉眼観察が可能である。ぜひ一度試して頂きたい。

太陽の周りを回る金星の軌道は、地球の内側に位置しているため、夜更けの空に現れることはない。太陽が昇る前の東の空、あるいは太陽が沈んだ後の西の空にしか輝かないのである。「明けの明星・宵の明星」と呼ばれる由縁がここにある。

夕焼けの西空に光出す金星の輝き。暮れなずむ空にあっていよいよ輝きを増すころ、昔の人々はその輝き具合から一日の作業の終わりを見て取ったであろう。明け方の東空にあっては、一日の始まりである日の出の近いことを教えてくれる。黄金色の光を放ち、農耕・漁労の良き目印とされてきた金星。その星に対する素晴らしい方言が、わが郷土に伝えられていた。

夜明けの空の「金星」(撮影・十河弘)

明けの明星・金星
（ハネッコ・ハネコボシ）

「おーい〝ハネコボシ〟が出たぞ。もうすぐ夜が明けるぞ」

昭和六十二年二月九日。七ケ浜町吉田浜の漁師、相沢一男氏より伺った話である。昭和五十五年一月にも、当地の漁師、遠藤龍太郎から同様の話を得ている。

「漁に出た時のことさ。明け方近くになると、東の水平線上に突然ピョコンと飛び出して、物すごく明るく光るのが明けの明星だ。昇って来るなんて感じではねえ、跳ね出して来るようなんだな。そんで〝ハネッコ〟とか〝ハネコボシ〟と言うんだ」

私も、金星の昇って来る姿を眺めたことが幾度かある。確かに金星は、突然そこに光り出すかのごとく現れるのである。〝ハネッコ〟の名はこの光景を見事に言い当てている。全国的にみても、惑星に対する方言は少なく、七ケ浜町に伝わる〝ハネッコ〟の名は実に貴重な星名といえる。

昭和六十二年の金星は、八月中旬ごろまで「明けの明星」として東の空に輝いていた。今度、「明けの明星」が見られるとき、早起きして眺めて見てはどうだろう。〝ハネッコ〟の光景を実感して頂きたい。

# 北の一つ星（キタノヒトツボシ）

## 方角示す輝き

「港から沖に出ること二十五里から三十里。あの漁場に出がげだ時にゃあ、季節に関係なく蔵王山を〈ためし〉に使ったもんだ。もっと遠くに船を出すと帰りは夜になる。もちろん暗いわけだがら蔵王山は見えなぐなる。そんな時にゃあ〝キタノヒトツボシ〟（北の一つ星）を〈ためし〉に使って船を進めるのさ。きっちり港に帰れだもんだ」

亘理町荒浜の漁師、菱田仁三郎氏より伺った話である。沖合に乗り出した際、自船の位置・進むべき方向、そして漁場の決定など方角を求める一連の作業を〈ためし〉と言い、〈ためし〉に使った星を〈ためし星〉と総称していたという。数ある〈ためし星〉の中で最も重要だったのが〝キタノヒトツボシ〟（北極星）であるとの話も頂いた。北の中空に孤高の輝きを放つ北極星の情景を実に見事に言い当てた星名である。

北極星はこぐま座のしっぽに光る二等星であり、北極のほぼ真上に位置している。そのため、北極星の高度を測るだけで、自身の立つ場所の緯度を知ることができるのである。明るい星の少

日周運動による星の軌跡(撮影・前川義信)

ない北の空にあって、四季を通して見ることが可能であり、終夜にわたりその位置を変えぬところから、昔より方位を測る際の絶好の目印とされてきた。

特に、夜の海上に船を出す漁師たちにとっては、自船を導いてくれる神のような存在の星だったのである。そんな思いが込められた北極星の和名に、他県の方言ではあるが、静岡県の漁村で言われる〝ホッキョクサマ〟（北極さま）がある（内田武志著『星の方言と民族』より）。

不動の星と言われる北極星であるが、厳密に言えば真の北極の真上からわずか（現在・角度で〇・七度ほど）にズレている。しかし、それでも方位磁石の針が指す北の方角よりはるかに真北に近い位置に輝いているのである。私も仕事柄、天体写真撮影のために、美しい星空を求めて山に登ったり、海辺を訪れたりすることが多い。望遠鏡の方位設定に使うのはもちろん北極星である。冴《さ》え渡る星空にあってほぼ真北の方角を教えてくれる北極星。その光を見るたびに、北半球で星空を仰ぐ幸せを思う。なぜなら、南半球の星空には南極星は輝いていないのである。

# 傑作中の傑作

## 道しるべ（ミチシルベ）

四季を通じて北の空に輝き、常にほぼ同じ位置にあって方角を教えてくれる星は何であろうか。この問いに対して、その星が北極星であると答えられない人はまずいないのではないだろうか。それほど有名で多くの人々が口にする北極星という星名。しかし、この名は純粋な和名ではなく、古く中国から渡来・伝播《でんぱ》した漢名であることはあまり知られていない。

この北極星という漢名が普及する以前には、〝ネノホシ〟（子の星・十二支による方角表示で子は北を表す）や、〝キタノヒトツボシ〟（北の一つ星）が一般的な和名として広く全国で言われていた。

以下に、わが郷土宮城に伝わる北極星の和名を、採取地ともども列記してみることにする。

〝キタボシ〟（北星・七ケ浜町）、〝キタノホシ〟（北の星・仙台市若林区荒浜）、〝キタノヒトツボシ〟（北の一つ星・県内ほぼ全域）、〝ヒトツボシ〟（一つ星・仙台市太白区袋原）、〝ホクシン〟（北辰・仙台市太白区中田）、〝タメシボシ〟（試し星・亘理町荒浜）

空のめぐりの目当て「北極星」（撮影・前川義信）

当然のことながら、全国的に言われていた和名が広く県内にも分布していることが分かる。宮城県独自の和名は無いものだろうか。

星名採取のため県内各地を歩き回って十数年。わがふるさとの地に、北極星の和名は無いのかもしれないと思い始めたころのことである。仙台市立袋原小学校の協力を得て行った「星の方言調査」の折、仙台市太白区中田町の遠藤忠幸氏の報告用紙に記入されていた、北極星の和名に接したときの感激は、今思い出しても胸が熱くなるほどのものだった。

〝ミチシルベ〟（道しるべ）という名がそれである。北極星の持つもろもろの性質を穏やかに表現しきったその名には、聞く者に安堵《あんど》感を与える詩的な雰囲気さえ漂っている。

浅春の北空に輝く北極星。その光は夜空を巡るあらゆる星の中心を示す。そのきらめきを眺めるたびに、〝ミチシルベ〟という名は、数多い星の和名の中でも傑作中の傑作であるとの思いを深める。

# 三つ星親子

## 五郎助の伝説

昔、むかし、その昔、親なし子がいたとさァ。その名を五郎助といったとさァ。たぶん五番目だべ、破れ着物を着て膝頭《ひざがしら》をむぎ出してわらじばぎ。破れたところは藁《わら》で縫ってたとさァ。村から村へと流れ歩ぎ、あでもなぐ暮らしていたのさァ。

噂《うわさ》によると戦災で親兄弟を亡くしたのだとさァ。それでみなしごだが、みじんも暗いどごろ見せず、笑顔良ぐ親切だったもんだがら、どこでもおにぎり恵んでくれたのさァ。

よちよち歩きの子が池にはまったのを助けたり、取灰が燃えているのをいち早く知らせ大事にならず済んだのが何べんもあったとさァ。親に叱られた子はよく言われたとなァ。

「五郎助を見習え」と。

このごろは不作続きで、五郎助も腹をすかしていたとさァ。月のない晴れた晩にとぼとぼ歩いていたら、〈三つ星親子〉がよく光ってるでねえが。一番上の父親星が五郎助に話し掛け、次に三番目の母親星、最後に中の子星。五郎助は無性に泣げたが、流れる涙を拭ぎもしながった。お

東の地平線に昇る「オリオン座の三つ星」(撮影・前川義信)

父
三つ星親子 子
母

星様ですら親子そろって暮らしているのに、情けないなァ。よし、〈三つ星親子〉に負けるもんか、元の明るい笑顔に戻った五郎助は声張り上げて叫んだとさァ。

「あまり仲良いところ見せるな」

それから村から姿を消し、ある人に信用され世のため、人のため働いたとのことだとさァ。これで、昔、むかし、もんつこ、さけたとさァ。

オリオン座の三つ星(サンダイショウ)を入れ込んだ民話として、一迫町(現・栗原市)の郷土史研究家、狩野義章氏からの報告による『三つ星親子』の話である。スペースの都合上、短縮して紹介してみた。

狩野氏からは、他にも同地域で言われる星の方言として〝イクサボシ・ナガイキボシ・シアワセボシ・シミドウフボシ〟などの星名を知らせて頂いた。しかしながら、これらの星がどの星座の何という星なのか、狩野氏も私も完全に確認できていない。同地域にご存じの方がおられたら、仙台市天文台まで報告を願いたい。

# 麦星・真珠星（ムギボシ・シンジュボシ）

## 夫婦星の風情

厳しかった寒さもいつしか遠のき、淡くかすんだ〈花曇り〉の空が暮れると、穏やかな春の星々が光り出す。淡い春がすみを通して仰ぐ星空。透明な冬空の星の輝きとは違った趣が感じとれる。春の星座巡りの第一歩は、なんと言っても、北の空高く昇った北斗七星を見いだすことであろう。ほぼ明るさのそろった七個の星が描く柄杓《ひしゃく》の形は、誰の目にも鮮やかな印象を与え、俳人の山口誓子氏をして、「花更けて北斗の杓の俯伏《うつぶ》せる」という、季節感あふれる句を詠ませている。今宵あたり、空が晴れていたなら春の星座散策としゃれ込んでみてはいかがであろうか。

北斗七星の柄杓の杓に光る二つの星を結び、その間隔を五倍伸ばせば見つかる星が〈北極星〉。方角を知るための手だてとして誰でも知っている話である。しかし、反り返った柄杓の柄の曲がりを伸ばすと、二つの輝星が見つけられることは、あまり知られていない（図参照のこと）。

柄杓の柄のカーブをその曲がりに沿って伸ばして行くと、だいだい色の一等星アークトゥルス（うしかい座）に届き、さらに延長すると純白の輝きを放つ一等星スピカ（おとめ座）に達す

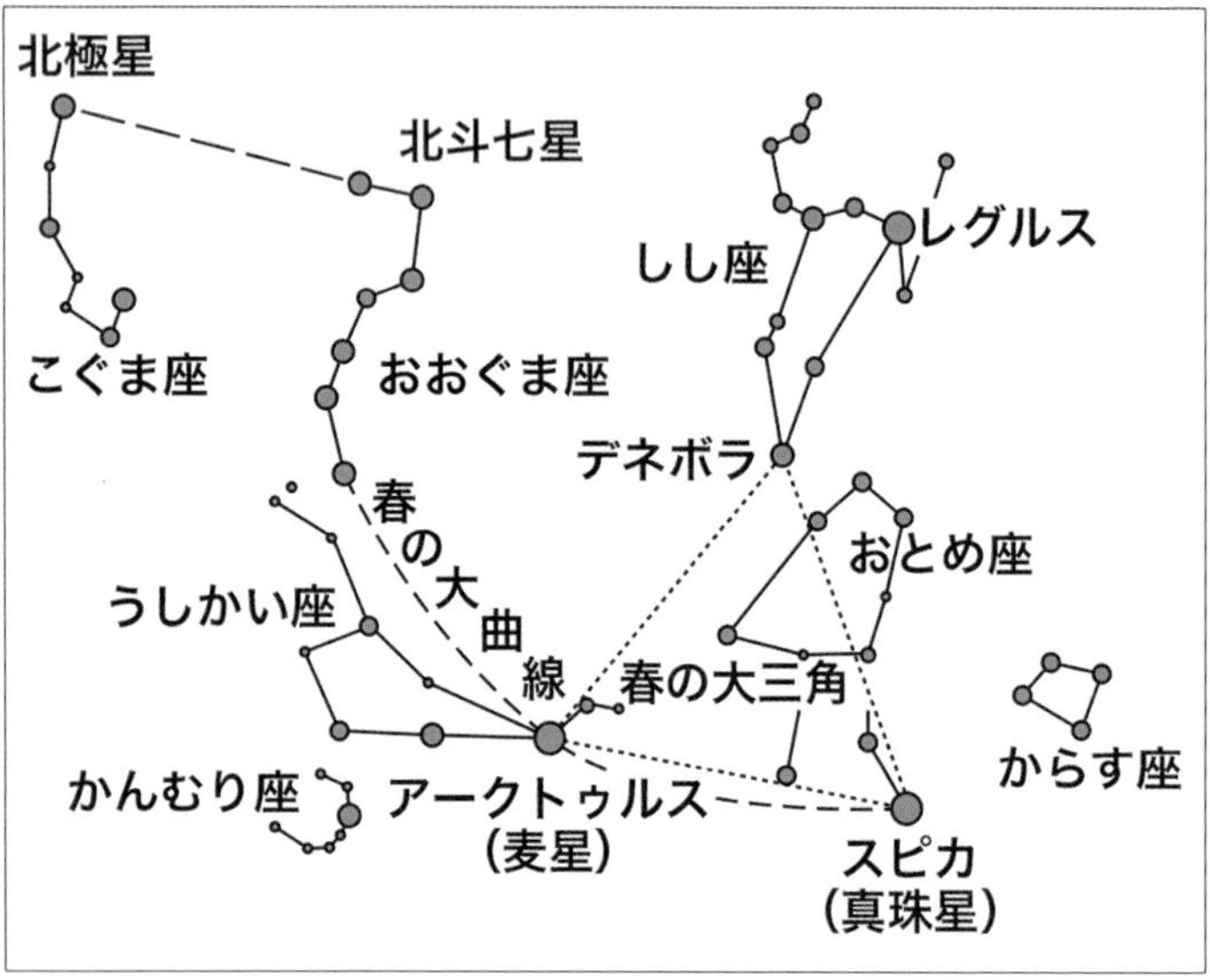


春の大曲線と大三角

る。このカーブを〈春の大曲線〉と呼んでいる。

二つの一等星は、桜の季節になると仲良く一緒に昇って来る。それはまるで春の星空散歩を楽しむ〝メオトボシ〟（夫婦星）の風情を漂わせている。

なお、この二星には、それぞれの色合いからアークトゥルスが〝ムギボシ〟（麦星）、スピカが〝シンジュボシ〟（真珠星）という和名が付けられている。古くは西日本を中心に言われていた名ではあるが、今日では広く全国に伝播《でんぱ》・継承され和名の標準語となった感があるが、残念ながら宮城県独自の和名は採取し得てない。

〈春の大曲線〉によって探し出した二星に、しし座の尻尾に光る二等星デネボラを加えて結ぶと、夜空に巨大な星の三角形が浮かび上がる。これが春の星座巡りの目印とされる〈春の大三角〉である。

華やかだった冬の星々も季節のうつろいとともに地平に傾き、星空は春の装いを整えている。夜桜見物などの折、桜の花ごしに星空を眺めて見てはいかがだろうか。

# 柄杓星（ヒシャクボシ）

## 形そのままに

星や星座にまるで無関心な方でも、〈北斗七星〉の名を知らないという人はまずいないであろう。季節にかかわらず常に北の空のどこかにかかっており、北の空に目を向けさえすれば、あれが北斗であるとの説明なくしても、一目でそれと分かるほどはっきりした柄杓《ひしゃく》の形を認めることができる。

北斗七星はほぼ沈むことなく周極運動を行う。そのため、北極星の周囲を回る柄杓の姿を一晩中眺められ、その位置を測ることにより、季節の測知が可能となるのである。春の宵には柄杓の柄を下向きに北極星の東方に在り、秋の宵には北極星の西に移り、その柄の向きも上向きに変えている。もちろん毎夜の時刻を知る良い目印になり得ることは言うまでもない。

〈北斗七星〉という名は、〈北極星〉という名と同様に、中国から伝播《でんぱ》した漢名である。北の空にかかる七つの星並びを実にすっきりと言い当てており、その名の響きの良さも手伝ってか、古くから伝わる和名を押しのけ、今では日本全国で言われる標準語的星名となっている。

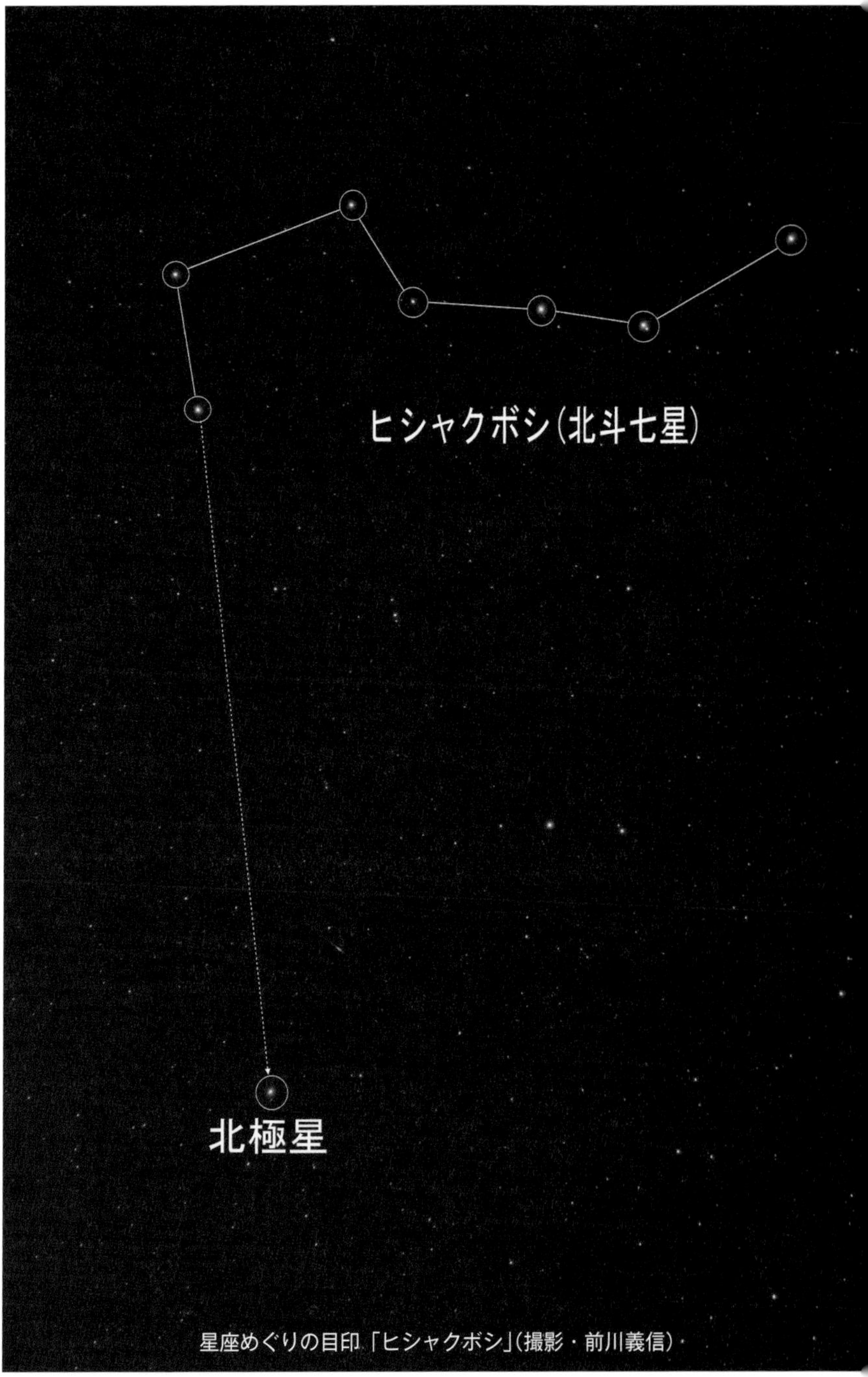

星座めぐりの目印「ヒシャクボシ」(撮影・前川義信)

〈北斗七星〉と言う漢名の陰に隠れて埋もれた和名を尋ねて宮城県内各地を歩いてみると、その星並びの《形》で表現した名と、含まれる星の《数》からきている名との二種類の方言に巡り合えたのである。《形》からきている名では、七つの星が描く形をそのまま名とした自然で素朴な〝ヒシャクボシ・シャクシボシ〟（柄杓星・杓子星）がある。県内ほぼ全域からこの名を採取しているが、伝播・継承の過程においてその土地独特の訛《なま》りが入れ込まれ、ふるさとの星にふさわしい星の方言となっている。以下にその例を記してみる。

ヒシャグボス（柄杓星　牡鹿町泊浜＝現・石巻市泊浜）
シシャグボス（柄杓星　仙台市太白区中田）
シャグスボス（杓子星　仙台市太白区袋原）
シャグボス（杓星・女川町鷲神浜）
シャガタボス（杓形星・女川町荒立）
シャグガダ（杓形・女川町高白）などがある。

わがふるさと宮城の地においては、星を単独で言う場合は〝オホッサン〟（お星さん）とか〝オホッサマ〟（お星様）と発音し、〇×星と連続形で言う時には〝ボシ〟（星）が〝ボス〟と発音されている。いかにもふるさとの星といった感じでなんとも愉快ではある。

# 七つ星・矢来の星（ナナツボシ・ヤライノホシ）

## 星空の大時計

含まれる星の《数》による〈北斗七星〉の和名に〝ナナツボシ〟（七つ星）がある。既に報告したオリオン座の〝ミツボシ〟（三つ星）、おうし座の〝ムヅラボシ〟（六連星・すばる）とともに、数で言う和名の代表的なものである。

《形》で言う名は、それを認めるための観察眼が必要とされるが、《数》による名は、そこに目を向けさえすれば納得できるという性格を持つ。つまり、最も素朴で自然な命名法と言える。〝ナナツボシ〟の名を使う地域が、北は青森から南は奄美大島にまで広く分布するのはこのためであろう。

「毎晩のこどだが、北の空を見るど〝キタボス〟（北星・北極星）の周りを〝ナナヅボス〟が飽きもせずに回っている。あれは隙があったら〝キタボス〟を取って食うべど狙っているがらなんだ。取らせまいど〝キタボス〟を守っているのが〝ヤライノホス〟（矢来の星）だ」

七ケ浜町吉田浜の漁師、遠藤龍太郎氏から伺った話である。こぐま座の〈北極星〉を軸として

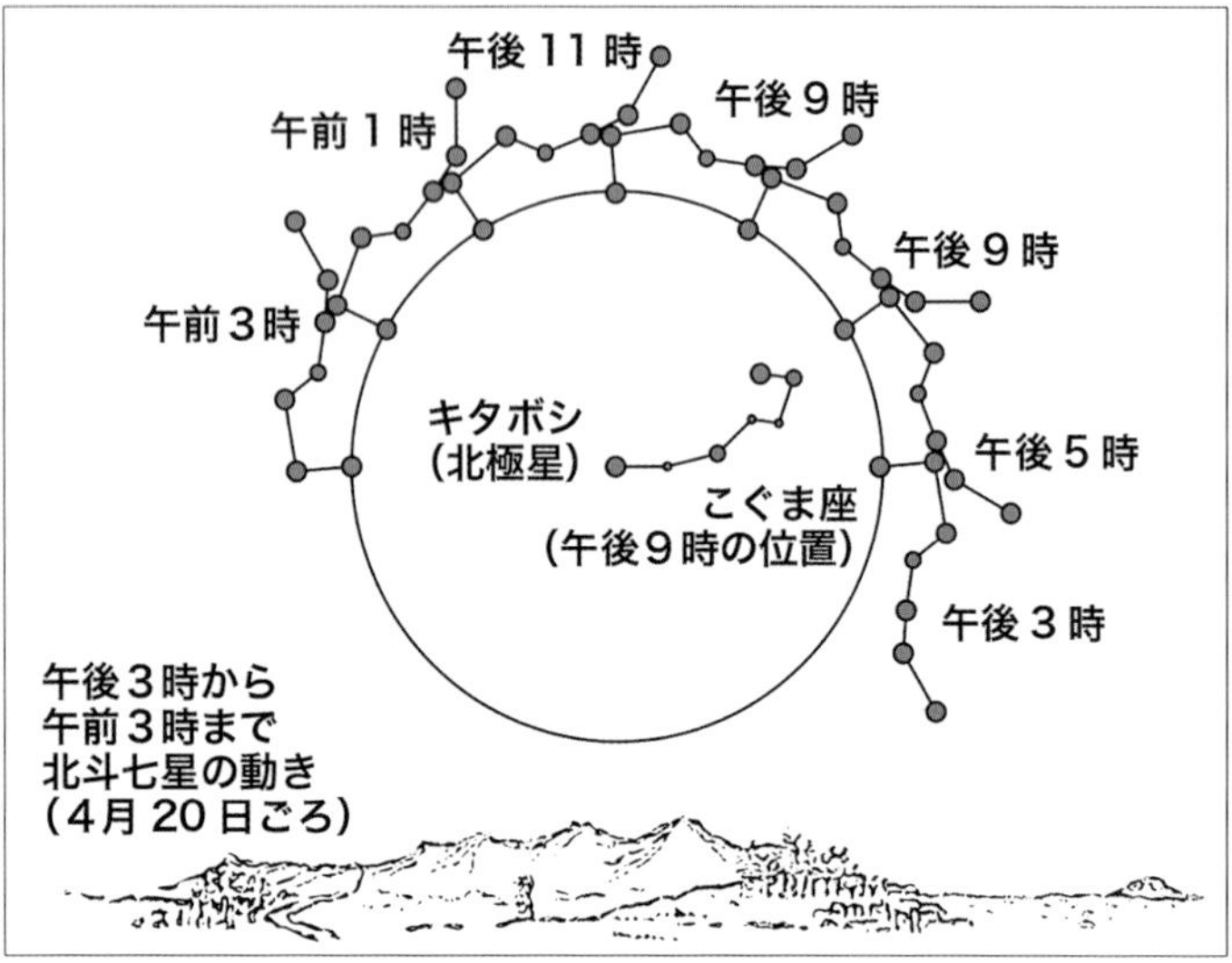


夜空にかかる星時計「北斗七星」

周極運動を続ける〈北斗七星〉の姿を言ったものである。図を参照して頂きたい。〈北斗七星〉に対してこぐま座も小さな柄杓《ひしゃく》形を描いている。その柄杓の杓の二星が北極星を守る〝ヤライノホス〟である。亘理町荒浜においては〝ヤレーノフタツボシ〟（矢来の二つ星）の名を採取している。さてヤライの意味であるが、辞書（広辞苑）によれば【矢来】竹や丸太を縦横にあらく組んで作った囲いとある。七ケ浜・荒浜にて言われる〝ヤライノホシ〟には、常に北の方角を教えてくれる星を貴び、それを守るための星をそばに置くという素朴で優しい心情を感じ取ることができる。

遠藤氏は、さらに話を続けてくれた。

「親父ど一緒に漁に出がげだ時のことだっ

た。しび（鮪《まぐろ》の別称）漁に使う刺し網の出し入れは、〝ナナヅボス〟の回転を見ながらやるように教えられれだ。動く角度を見れば時刻・時間は一目で分かったもんだ」

当時の漁師たちは長年の観察経験から、周極運動によって〈北斗七星〉の星が十二支の方角を指し時計の役目を果たすことをしっかり見抜いていたのである。

《星空の大時計》とも言えるナナツボシは、春爛漫《らんまん》のころが絶好の見ごろである。

# 七曜の星（ナナヨノホシ）

## 北斗の七菩薩

〝ナナツボシ〟（七つ星）という名が、《数》による〈北斗七星〉の和名としての代表格であることは、既に報告した通りであるが、同じ《数》による命名であっても、込められた意味合いの違う和名がふるさとの地に残されていた。〈七曜の星〉がそれである。

「出て見ればヤェェ　七曜《ななよ》の星は横になアるトェェ　わが夫《つま》はいつ来て床に横になアるウェェ…」

（宮城県教育会編『郷土の伝承』）

気仙沼地方に伝わる謡曲「えせん節」の一節である。先日、気仙沼市の教育委員会にお尋ねしたところ、地元においては「気仙坂」あるいは「大漁唄いあげ」という題で親しまれているとの話とともに、ここで唄われる〈七曜の星〉は〝ナナヨノホシ〟と発音されていることなども教えて頂いた。〝ナナヨノホシ〟という名の柔らかい響きは、謡曲の持つ味わいをさらに深めているように思われてならない。

謡曲に唄い込まれている〈七曜〉は、中国で言われる〈七曜《しちよう》信仰〉つまり《日（太陽）・月・

北斗七星と百武彗星（撮影・著者）

火星・水星・木星・金星・土星》をあがめるところから出たものであり、これがわが国に渡来すると、仏教の星辰《せいしん》（北極星）・北斗信仰と重なり、本来の意味を転じて北斗の七菩薩《ぼさつ》を表す名として普及し、やがては〈北斗七星〉の和名となって定着したのである。

県内各地に残る「北斗妙見社（神社）」、あるいは「七曜塚」はこの名残なのである。〈北斗七星〉の和名として〈七曜〉の名を採取できた地域に亘理町荒浜・仙台市若林区荒浜がある。ただし、同じ字を当てながらも〝シチヨウ〟が訛《なま》ったと考えられる〝シッチョ〟という発音が用いられている。

興味深いのは、〈北斗七星〉の和名として〈七曜〉の字を当てる地域の分布が海岸沿いに偏っているということである。この事実は、生活の糧を漁労に求める人々に、方位・時刻・季節（漁期）を示してくれる〈北斗七星〉がいかに尊ばれたかを物語っている。ふるさとの夜空に、鮮やかな柄杓の形を描くナナヨノホシ。ぜひ本当の空で見て頂きたい。信仰の対象とされるほどの大いなる存在であることが実感できる。

七ケ浜町吉田浜においては、〈北斗七星〉の柄杓の柄先の星を〝ケンサキボス〟（剣先星）と呼んでいることを付記しておく。

# 四つ星（ヨツボシ）

## 鮮やかな印象

桜の季節も過ぎ、若葉の緑がいよいよ濃くなる五月の宵。南の空に目を向けると、誰の目にも自然に入り込んでくる星並びがある。それは、ほぼ同じ明るさ（三等星）の四個の星が描く程良い大きさ（一辺約五度）の台形の形である。これが〈からす座〉である。

地平線からの高さ約三〇度。わざわざ上を向かずとも、視線をわずかに上向きにするだけで観察できる。写真からも分かるように、少しゆがんだ台形の形をしており、それがためか妙に鮮やかな印象が残り、覚えやすく忘れがたい星並びとなっている。

もっとも、台形の星並びからカラスの姿を想像する難しさは残る。「闇夜のカラス」とは、見え難いものや様子を表す時によく使われる例えである。この例えは、星空にからす座を描く時にも当てはまると思われる。

カラスの姿はともかくとして、実際の星空に目を向けた時、見やすい高さを東から西に動いて行く鮮やかな台形の形は、星空という海原を行く帆かけ船の帆のように思われてならない。この

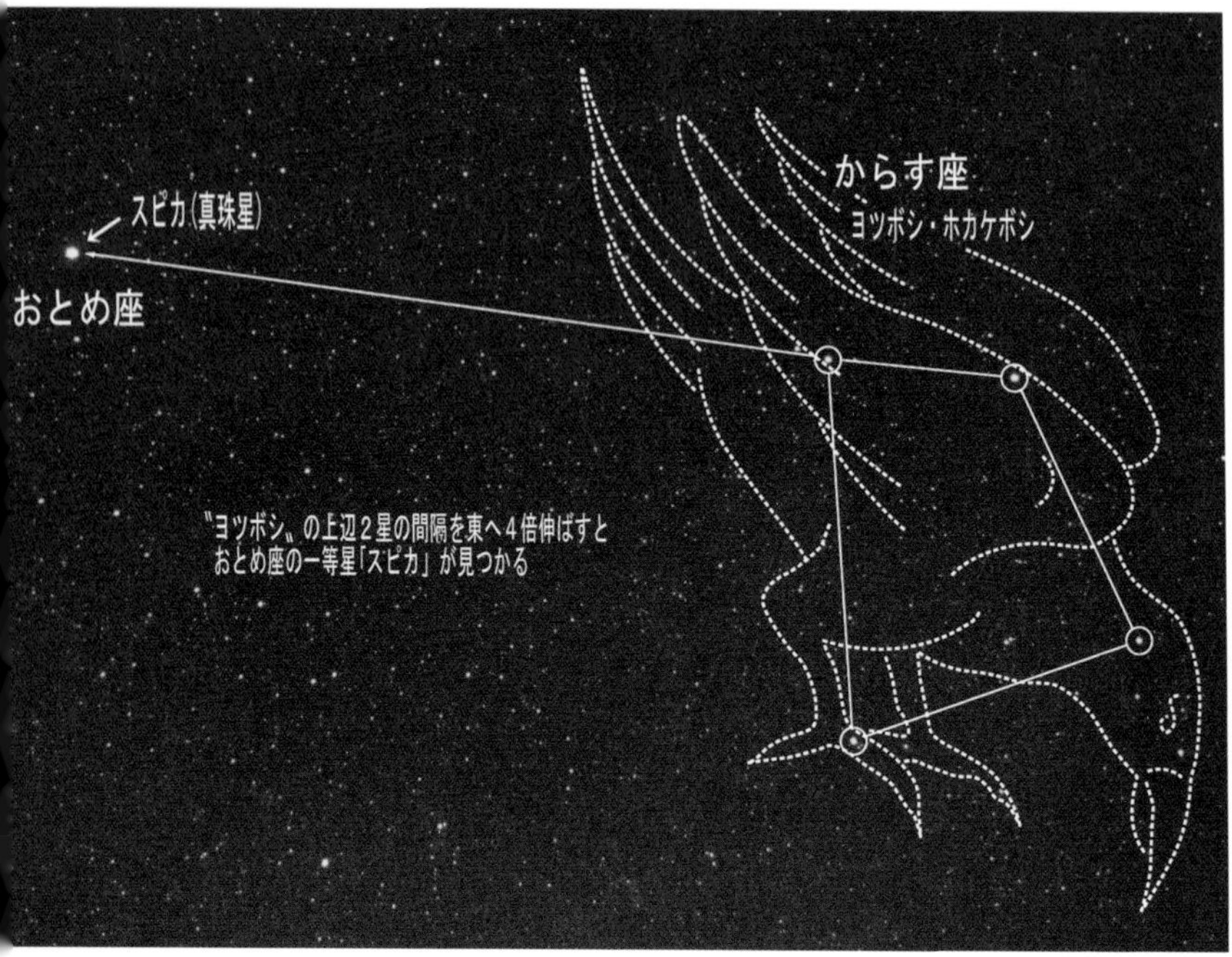

星空を行く「帆かけ星」(撮影・著者)

情景を見事に言い当てた〝ホカケボシ〟(帆かけ星)という素晴らしい和名がある(野尻抱影著『日本星名辞典』より)。北廻船の運行が盛んだったころ。能登半島の地にて言われていた方言であったが、現在では広く全国に普及している。

からす座の台形から、つまり、その《形》からの命名は他県には多いのであるが、宮城県からの採取は皆無である。ご存じの方がおられたらぜひ報告を願いたいものである。

《数》による命名では、八年前の春に気仙沼を訪れた折、停泊中の漁船から降りてきた漁師さんから聞いた〝ヨツボシ〟(四つ星)の名がある。

「初夏の海に乗り出した時に、南の空に見えていた四辺形の星をヨツボシと言うんだ」

と話してくれた。

ヨツボシの名は、お隣の岩手県にて言われる〈からす座〉の方言であることは承知していたので、その後、気仙沼・志津川等を訪ね歩いたのだが、同じ名を採取することはできなかった。漁師さんのふるさとを確認しなかったことが悔やまれる。しかし、他県との人的な交流が、和名の伝播《でんぱ》・継承・定着過程の基礎であることを考えれば、気仙沼で採取した〝ヨツボシ〟の名を、ふるさとの星の名に加えても差し支えないと思われる。

# お草星（オクサボシ）

## イカ釣りの役星

大気の清浄度調査の主旨のもと、去る二月一日（午後七時～八時）に実施された「星空観察（現在休止中）」の対象天体となった〈スバル（おうし座のプレアデス星団）〉。寒風に吹かれながら頭上に輝く〈スバル〉を眺めた方も多かったであろう。

しかし、新緑の季節となった今、同時刻に夜空を眺めても頭上に〈スバル〉を認めることはできない。その姿を捜し求めると、かすかに夕焼けの色が残る西の地平に低く見いだすことができる。わずか三カ月の間に九〇度も移動したことになる。

三カ月で九〇度といえば、一年（十二カ月）では三百六十度になる。季節が進むにつれ、星や星座の出没は早く（一日約四分・角度で一度）なってくるのである。これが星空の年周運動と呼ばれる現象である。

その原因は地球の公転による。地球が太陽の回りを一周して元の位置に戻ると、星や星座も元の位置に戻って見えることになる。夜空に輝く星々が〈自然の暦〉となり得る理由がここにあ

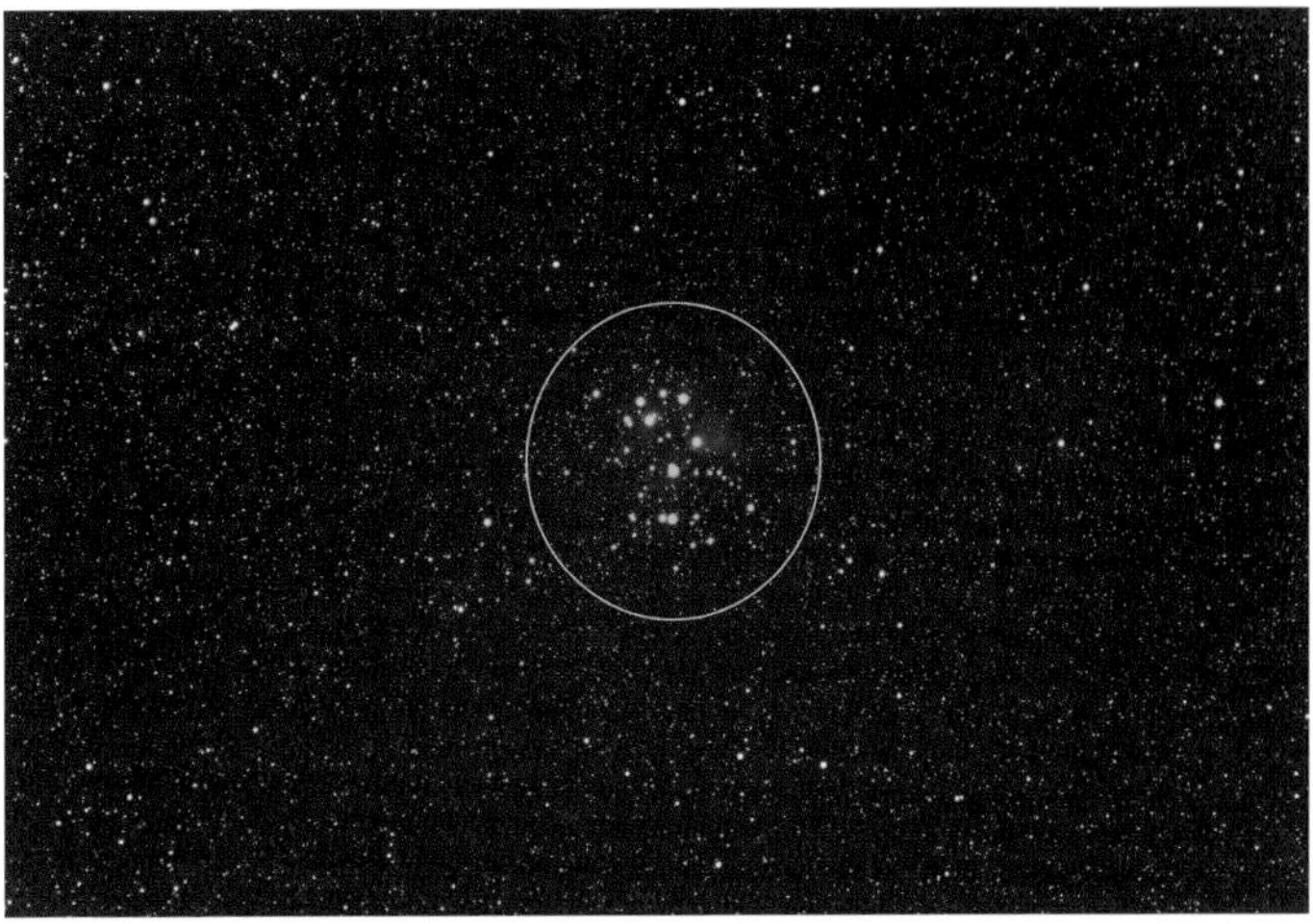

プレアデス星団「オクサボシ」（撮影・前川義信）

る。

農耕・漁労を営む人々に〈自然の暦〉として重宝された〈スバル〉。わが宮城県においては、それは〝ムヅラ〟と呼ばれ、イカ釣りの役星として注目されていたことは既に報告したわけであるが、つい先日（四月三十日）新たな和名を採取することができた。

「オクサボシが出たんでそろそろイカが浮いてくるぞ。オクサのアドボシが出だぞ。もうすぐ漁をやめるぞ。昔の漁師がイカ釣りの格言としていた話だ」。雄勝町水浜（現・石巻市雄勝町水浜）の秋山喜三郎氏より伺った話である。〝オクサボシ〟が〈スバル〉を指していることは明らかであったが、残念なことは、いかなる字を当てているのか確認できなかったことである。

『日本星名辞典』（野尻抱影著）では、北原白秋の童謡《宵》の一節「出たよ草星おらちゃんと見てた、背戸のよこっちょの川岸に」を引用し、静岡県にて言われる〈スバル〉の方言〝クサボシ〟に〈草星〉の字を当てている。しかしながら、群れて輝くスバルの印象を、草の字が言い当てているとは思えない。

山形県（米沢地方）の方言辞典を調べてみると、「くさくさ・物の多いさま…子供がくさくさと遊んでいる」の記載がある。雄勝町にて言われる〝オクサボシ〟の語源はこの辺りにあるのではとも考えている。

# たがら星・六連星の後星（タガラボシ・ムヅラノアドボシ）

## 東西で同感覚

〈スバル（おうし座のプレアデス星団）〉のややや南よりに目を向けると、まばらではあるがV字形に並んだ星群れを認めることができる。これが〈ヒアデス星団〉である。〈ヒアデス星団〉は数多い星団の中にあって、わが太陽系に最も近い距離（約百六十光年。一光年はほぼ十兆キロメートル）に位置していることで有名な星団である。

約四百光年の広がりの中に、青白色に輝く百個ほどの星が含まれている。〈ヒアデス星団〉の一角に〈アルデバラン〉と呼ばれる赤みを帯びた一等星が輝いている。その直径は太陽の四十倍もあるが、表面温度は四千度（太陽の表面温度は六千度）と低い。地球から六十七光年のかなたに輝いている。〈ヒアデス星団〉の中に見えている〈アルデバラン〉ではあるが、実際には星団よりずっと手前に位置する星なのである。〈アルデバラン〉とはアラビア語で「プレアデスに続くもの」と言う意味を持つ。これと同様の意味を持つ和名を採取したので報告したい。

昭和六十二年三月十五日、牡鹿半島の漁港を巡り和名を尋ね歩いていた。牡鹿町泊浜（現・石

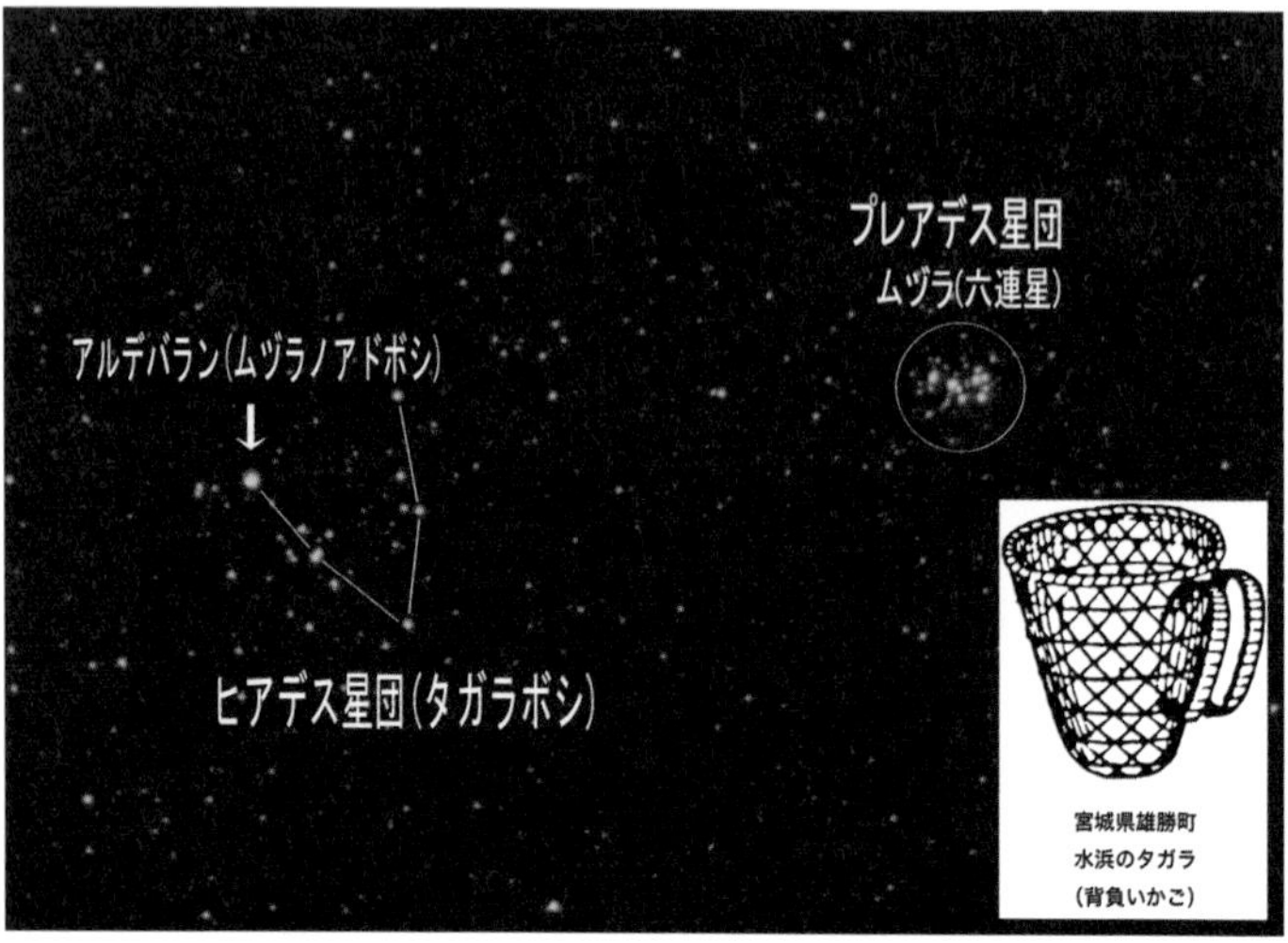


Ｖ字形の背負いカゴ「タガラボシ」(撮影・著者)

巻市泊浜）に立ち寄った時のことである。自宅前庭で遊ぶお孫さんを見ながら、漁具の繕いをしていた大野善三郎氏に教えて頂いた話である。

「ムヅラ（六連星）が昇ると、それを追っかげるように昇って来るのが〝ムヅラノアドボシ〟（六連星の後星）だな」

古代アラビアの人々の目と、牡鹿町泊浜の漁師さんたちの目は、全く同感覚で一つの星を眺めとらえていたわけである。夜空に輝く星の光には、洋の東西を問わず、星空を見上げる人々の感覚に共通の印象を与える何かがあるものらしい。

大野氏はさらに話を続けてくれた。棒を持ち地面にＶの字形を描きながら「ムヅラの近くのこんな形の星並びをタガラボシって言うんだ。

タガラってのはな、この辺りで使ってだ背負い篭《かご》のことさ。ワカメや海草それに畑作物まで、何でも入れて運んだもんだ」。

V字形の星並び、そして〝ムヅラ〟の近くの位置。〝タガラボシ〟が〈ヒアデス星団〉の和名であることは明らかである。

水平線上に満月が昇るころ泊を後にした。月光に照らしだされた牡鹿半島の山影が幻想的である。車窓から見る〝タガラボシ〟のV字形が新鮮な印象であったのを記憶している。

# 鰯星（イワシボシ）

## 漁期を知る

澄んだ大気のもとで見上げる夜空の星々。実にさまざまな色の輝きを放っている。それはまるで誰かが意識して色付けをしたのではとさえ思われる。

星（惑星は除く）の色は、その星の表面温度によって違ってくる。目で見た限りでは、炎のように燃え盛って見える赤い星、氷のような冷たい光を放つ青白い星との印象を受けるが、実際は全くの逆である。赤い星の表面温度は三千度と低く、青白い星の表面温度は二万度にも達する。ちなみにわが太陽の表面温度は六千度であり、遠い宇宙空間から眺めれば黄色の星として見えることになる。

先に〝シンジュボシ〟（真珠星）として紹介したおとめ座の一等星スピカは純白の輝きを放つ美しい星として有名であるが、その表面温度は二万二千度にも上る灼熱《しゃくねつ》の星なのである。実際の明るさは太陽の七百倍にも達している。

昭和六十二年四月三十日、雄勝町水浜（現・石巻市雄勝町水浜）を訪れた折のことである。土

おとめ座の一等星「スピカ」(撮影・仙台市天文台)

仙台市天文台のプラネタリウムでの「おとめ座」

門優悦氏より、氏の出身地である秋田県象潟町《きさかた》（現・秋田県にかほ市象潟町）にて言われていた〝イワシボシ〟（鰯《いわし》星）なる星名を教えていただいた。

「当地の古老によれば、鰯漁の漁期はイワシボシで知ったものだ。五月の夕刻のころだな。鳥海山の上にイワシボシがかかるようになるとイワシがとれるようになる。刺し網の打ち時はその星の高低で測ったそうだ。私はそれがどんな星だったのかまでは分からない」

　さてイワシボシとはどの星座の何と言う星なのであろうか。象潟町から眺めた鳥海山（二、二三二一《メートル》）の頂は約七度の高さで南東の方角に位置している。イワシボシはこれらの条件（季節・高度・方位・時刻）を満たし、かつ人々の目を引き付け、漁労の目当てとされるだけの明るさを持った星でなければならない。

　種々の調査と計算から全ての条件に見合う星として割り出した星がおとめ座のスピカであった。清らかな白色の〈真珠星〉が別名イワシボシ。美しい輝きにそぐわない名と言う気もしないでもないが、生活の糧を漁労に求める漁師さんの目には、鰯漁の漁期を確実に知らせてくれる〝イワシボシ〟としての輝きと映ったのは当然のことであろう。

秋田県に伝わる星名ではあるが、宮城県の地で採取したことを含めて報告してみた。

# 星を拾った茂助

## 幸福運ぶ銀の糸

吹く風も肌に心地よい初夏の宵。暑くもなく寒くもなく、星座散歩にはもってこいの季節と言える。今宵の星空に目を向けていただきたい。

星空を仰ぐ目に突然映る流星。一筋の銀の糸のように走り、一瞬のうちに視界から消え去るその光は、見る者に言いようのない切なさと無常観を与えるが、一方では「流星を見たら、それが消え去らぬ間に願いごとを三度口にすると願いがかなう」との言い伝えも各地に伝えられている。

内田武著『星の方言と民族』によれば、「流星が自分の方に流れてきたら、懐を開けて入れるようにすると金持ちになる。また、さっそく石を拾って懐に入れると金持ちになる」との伝承が、神奈川県各地に残っているという。

宮城県一迫町川口（現・栗原市一迫川口）の郷土史研究家、狩野義章氏より、栗原地方に伝わる流星にまつわる民話「星を拾った茂助」をご報告頂いた。神奈川県の言い伝えとほぼ同様な内

北斗を横切る「流れ星」(撮影・牛坂一洋)

容に驚かされた。スペースの関係で短縮して報告してみる。

昔、むかし、茂助といってな、馬鹿正直がいたとさァ。その正直なためにうんと馬鹿を見ることが尚更《なおさら》であったが、おれの正直で必ず誰かが助かると信じ、何と言われようと心では笑っていたとさァ。

今日も暇なし働きまくったとさァ。汗を拭く暇も茶一服飲むのも忘れて働いたとさァ。こうしている茂助は楽しかったのさァ。

真っ赤な夕日が西空を染め一番星が出、間もなく空は星で飾られ、見ていると一層元気が湧いた。明日もうんと汗をかぐべいと家路を急いでいたら、北山の峰がら南の館の方角に流れ星を見かけたとさァ。

星の落ちた方角に急ぎ、やっとのことで流れ星の落ちた沼に着いたとさァ。その星をば拾い懐に大事にしまい家に戻って見たら、あばら屋だった家が、なんと黄金の御殿に変わっているでねか。

ぼんやり立っていたら、おっかあが、のこのこ門に出て来て「茂助や、お前の正直のお陰で、こらこの通り御殿に住むことができた」と涙ながらにうれしがった。星たちに祝福された親子は抱き合って喜んだとさァ。それから茂助親子は幸せに暮らし、困る人々に恵んでくれたとさァ。

これで、むかしこ、もんつこ、さけたとさァ。

# お経星（オキョウボシ）

## 人の死告げる

わが国では、昔から、流星のことを〝ナガレボシ〟（流れ星）、〝ニゲボシ〟（逃げ星）、〝ヌケボシ〟（抜け星）などと呼んでいる。これらの呼び名が示す通り、流星は、夜空に輝く星そのものが流れ動くものと見られていた。突然現れ瞬時に消え去る流星の印象は、好事の前兆としてよりも、天変地異や飢饉《ききん》、あるいは凶事が起こる前触れとの印象が強く、全国各地に残る伝承にもそのような例が多い。内田武著『星の方言と民族』から拾ってみると―。

「流星の多い年は不作である」（兵庫県）

「流星が寺の上で消える時は死人がある」（静岡県）

「流星を見た晩は恐ろしい夢を見る」（高知県）などがある。

宮城県では、牡鹿町字祝浜（現・石巻市谷川浜祝浜）の久保祐美氏より「流れ星は人の死を知らせる星と昔から言う。それで流れ星のことをオキョウボシとも言う」との報告を頂いた。

今まで夜空に光っていた星が流れて消える。その印象からの流星の方言が多い中で、〝オキョウボシ〃（お経星）という名には、ひと味違った意味合いを感じ取ることができる。誰の目にも留まりやすい流星。その伝承や和名は多いものと思われる。ご存じの方はぜひ報告を願いたい。

　さて流星であるが、夜空に光る星が流れたものなのであろうか。天文学的に考えてみれば、そうでないことは明らかである。例えば〝光害〃の全く無い、透明な大気のもとで眺められる星の数は全天で約六千個。実際の観測より計算で求めた流星（肉眼で見える程度）の総数は、全地球で一日二千五百万個ほどとなる。星そのものが流れて消えるのが流星だとすれば、夜空の星は二分足らずで全て消えてしまうことになる。

　流れ星の正体は、惑星間空間に漂うチリのように小さな固体の粒子（平均一ミリメートル以下と推定される）なのである。この粒子が、軌道上を公転する地球と衝突すると、猛烈な勢いで地球大気に突入することとなる。その時の粒子の速度（対地球）は、遅いものでも秒速約三十キロメートル。早いものであれば秒速八十キロメートルほどにも達する。

　これだけの猛スピードで大気中を走れば、当然のことながら大気の摩擦抵抗を受けて瞬時に蒸発してガスとなる。高温のガスは点状の輝きを放ちながら星空を移動し、数秒のうちに消え去る。これが流星としてわれわれの目に映るのである。

2001年のしし座流星群（撮影・牛坂一洋）

# 夜明け星・明神（ヨアケボシ・ミョウジン）

## 神々しい光

宮城県に限らず広く全国に分布している金星の和名が〝ミョージョー〟（明星）である。出現の時刻によって〈明けの明星〉とか〈宵の明星〉との呼び分けがあるが、この名を聞いて、金星の輝きを思い浮かべぬ人は居ないのでは無かろうか。金星の和名である明星は、現在では全国共通の完全な標準語と言うことができよう。

宮城県にて言われる金星の珍しい和名として〝ハネッコ・ハネコボシ〟（宮城郡七ケ浜町吉田浜）を既に紹介した訳である。この名の伝承がごく限られた地域であるのに対して、〝ヨアケボシ〟（夜明け星）という名は、県内各地の海岸地域から採取している。出現時刻からの命名による単純で素朴な名ではあるが、夜明けの空に巨光を放つ金星の姿を的確にとらえており、その名の響きには清々《すがすが》しささえ感じられる。

「夜明けごろの出船のタメシ（時刻・方位の測定）には、アケノミョウジン（明けの明神）を使うが、時にはヨナカノミョウジン（夜中の明神）やヨイノミョウジン（宵の明神）を見るとき

神々しい輝きの金星(撮影・十河弘)

もある」

亘理町荒浜の漁師、菱田仁三郎氏より伺った話である。ただし、氏の話にある〝ヨナカノミョウジン〟は金星ではない。なぜなら、金星はその軌道の性質により、夜中の空に現れることは絶対にないからである。ヨナカノミョウジンの名が指す天体は、金星と同じような光を放つ惑星で、真夜中の空にも見られる木星と考えられる。

さて、金星の話に戻るが、宮城町芋沢字畑前（現・仙台市青葉区芋沢畑前）にては「ゴミョウジンサマ（御明神様）は空で一番明るく輝く星だ」。さらに、同区芋沢青野木では「寒に明神様が出ると作（農作物の）が良い」という話も採取している。宵の空に見える時なのか、明け方の空に出た時なのか確認はできなかった。ちなみに調べて見ると、今年（昭和六十二年）の金星は、寒の間は明けの明星であり、来年の寒には宵の明星として輝くことになる。

宮城県に伝えられる金星の和名のなかで、明星・夜明星に次いで多いのが明神である。神々しいばかりの光を放つ金星の輝きを、一度でも眺めたことのある人なら、その光を崇敬し神格化した〈明神〉という名に、当時の人々の心根と確かな観察眼を感じることができよう。

# 荒舟（アラフネ）

## 大自然の警告

夜空にかかる多くの天体の中にあって、月ほど昔から親しまれてきた天体は他にないだろう。古くから、月は幻想や空想の世界の舞台となり、その光は文学そして音楽の世界に潤いを与え、私たちの心を和ませてくれた。もちろん実生活にも限りない恩恵をもたらしてくれた。

周期的に満ち欠けを繰り返しながら夜空にかかる月の姿は、時刻や季節の移ろいを知る絶好の目当てであった。その輝きと形は、農耕を営む人々には種の蒔《ま》き時や収穫の時を告げ、漁労に従事する人の目には、潮の動きを読み、さらに時刻・方角を測知する輝きと映っていたのである。

月が地球の周りを公転する向きは、地球の自転方向と同じである。そのため、地球から眺めた月は、星空を背景として西から東へ移動（一日平均約一三度強）して行くこととなる。この動きを結ぶと、夜空に月の動きの道筋、つまり月の軌道が描ける。これを白道と呼ぶ。

白道は、地球の軌道である黄道に対して約五度九分ほど傾いている。このため季節によって、太陽以上に出没位置や高度の変化が激しく、出没時の姿勢もほとんど毎月違っている。それほど

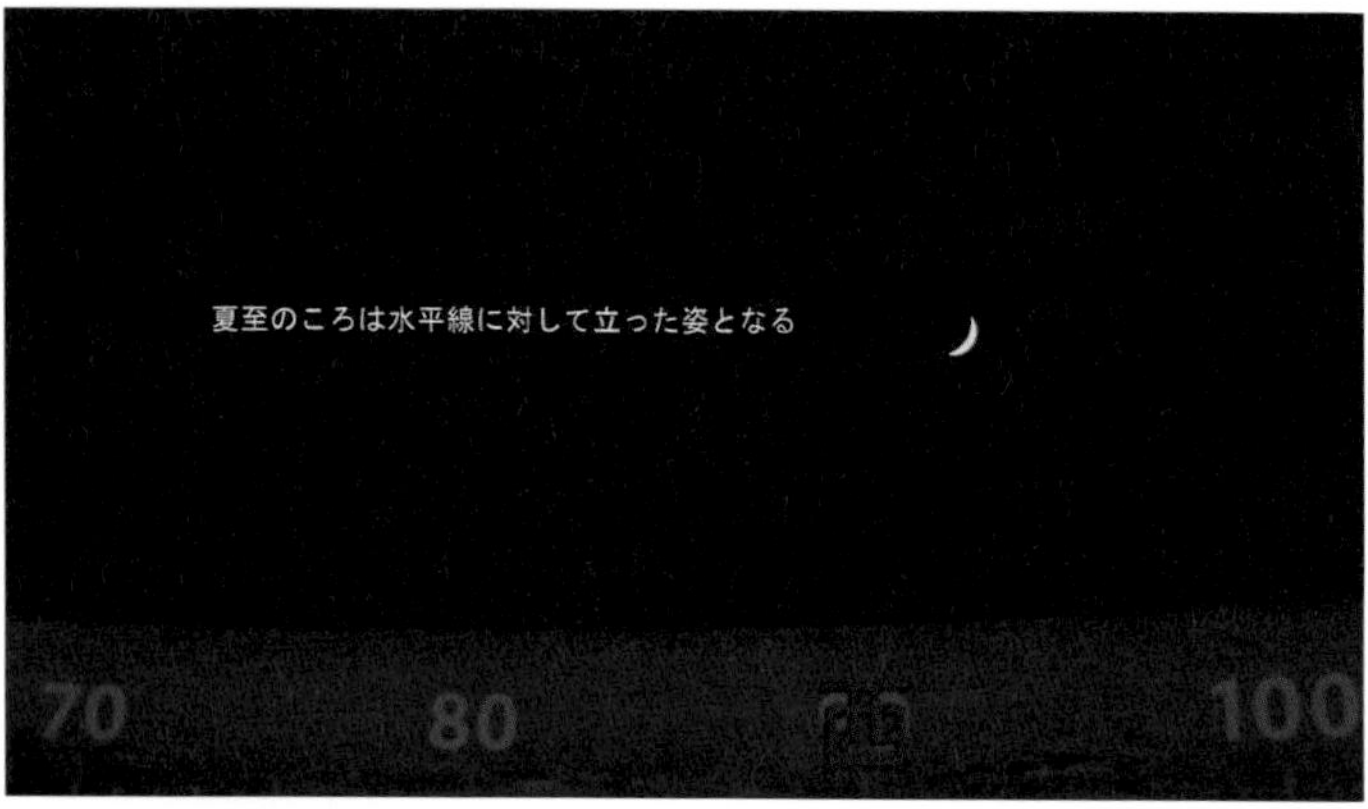


仙台市天文台のプラネタリウムで再現した「三日月の入り」

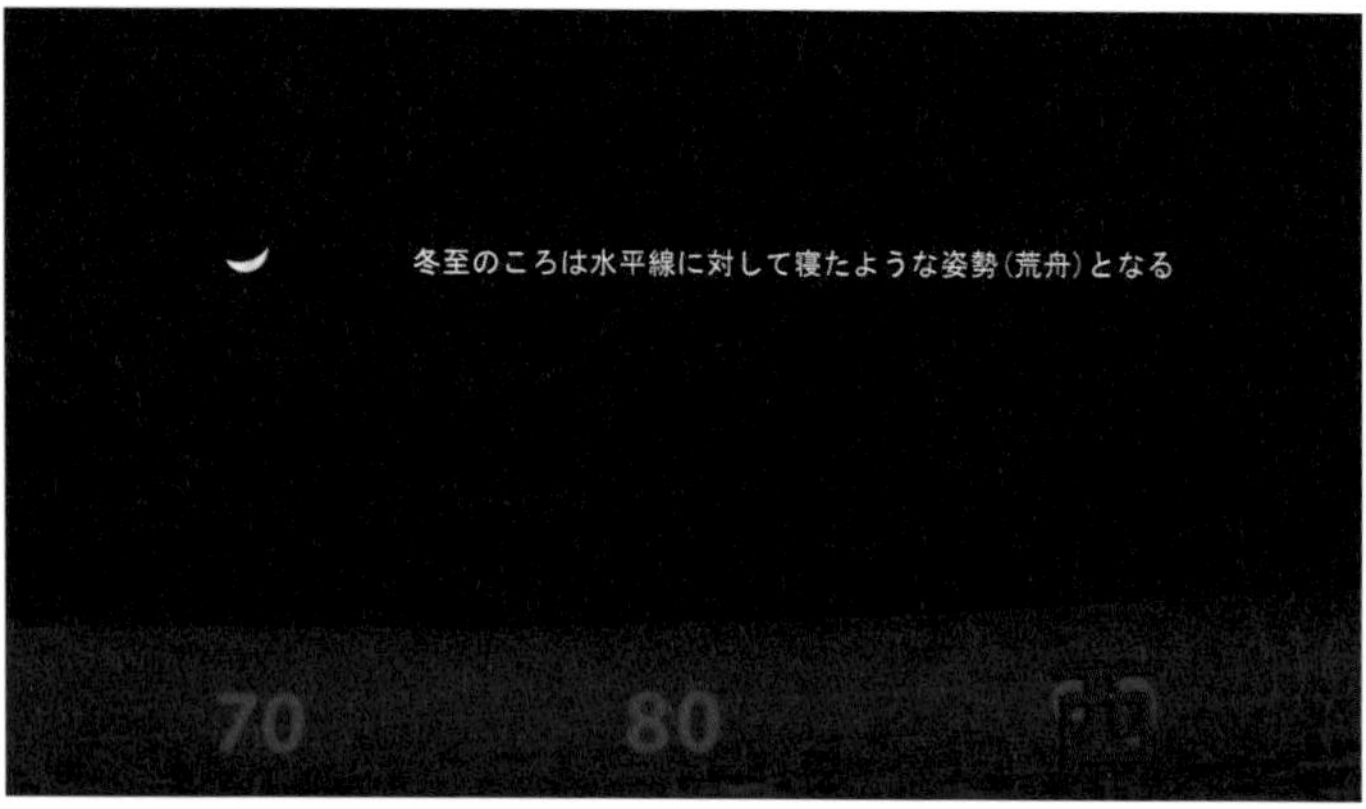

月の運動は複雑なのである。スペースの都合上詳しい説明は省略させていただくが、できれば、夏至ごろの三日月の出没位置とその姿勢を眺めて記録し、冬至のころのそれと比較していただきたい。その違いの大きさに驚かれることであろう。

「月がアラフネ（荒舟）になってきたから海が荒れるぞ」

七ケ浜町吉田浜の漁師、相沢一男氏より伺った話である。

さらに鳴瀬町月浜（現・東松島市宮戸月浜）の鈴木重雄氏には「月が寝たので海が荒れる」という話をしていただいた。

茨城県では「月の平らに舟乗るな」（内田武志著『星の方言と民族』より）の格言もあるという。確かに台風や彼岸荒れの時期、そして真冬のころの三日月の姿勢を調べてみると、いずれも、地平（水平）線に対して凹面を上に向け、水面に浮かぶ舟のごとき姿勢となって輝くこととなる。

長年にわたる確かな観察から生まれた和名〝アラフネ〟（荒舟）。その響きを耳にする時、〝海と月〟という大自然を取り込んで生きる漁師さんの姿が浮かぶ。

# 五月雨星・雨夜の星（サミダレボシ・アマイノホシ）

## 梅雨空に輝く

梅雨空が続く今ごろ（六月下旬）は、一年を通して最も日の長い時期である。言い換えれば、最も夜が短い、つまり星の見えている時間の少ない時期でもある。

真紅の太陽が西の地平に姿を隠し、周囲の風景が夕焼けの紅色に染まるころ。空には一番星、二番星そして三番星。西の山の端をおぼろげに照らしていた薄明も消え、いつしか満天の星々が輝きだす。

今ごろの時期では、この過程が終了するころには、時計の針は既に午後九時を回っている。そして明け方の薄明が始まり星が消え始めるのが午前三時ごろ。星々の出そろっている時間は、一日二十四時間中わずか六時間という短さなのである。

うっとうしい梅雨空の合間を縫って夜空を見上げていただきたい。星空の観察には不利な条件がそろいすぎているが、今は梅雨の時期である。しとしとと降り続いた五月雨によって、大気中のチリやホコリはぬぐい去られ、夜空は驚くほどに透みきっており、星々の輝きもより近くに感

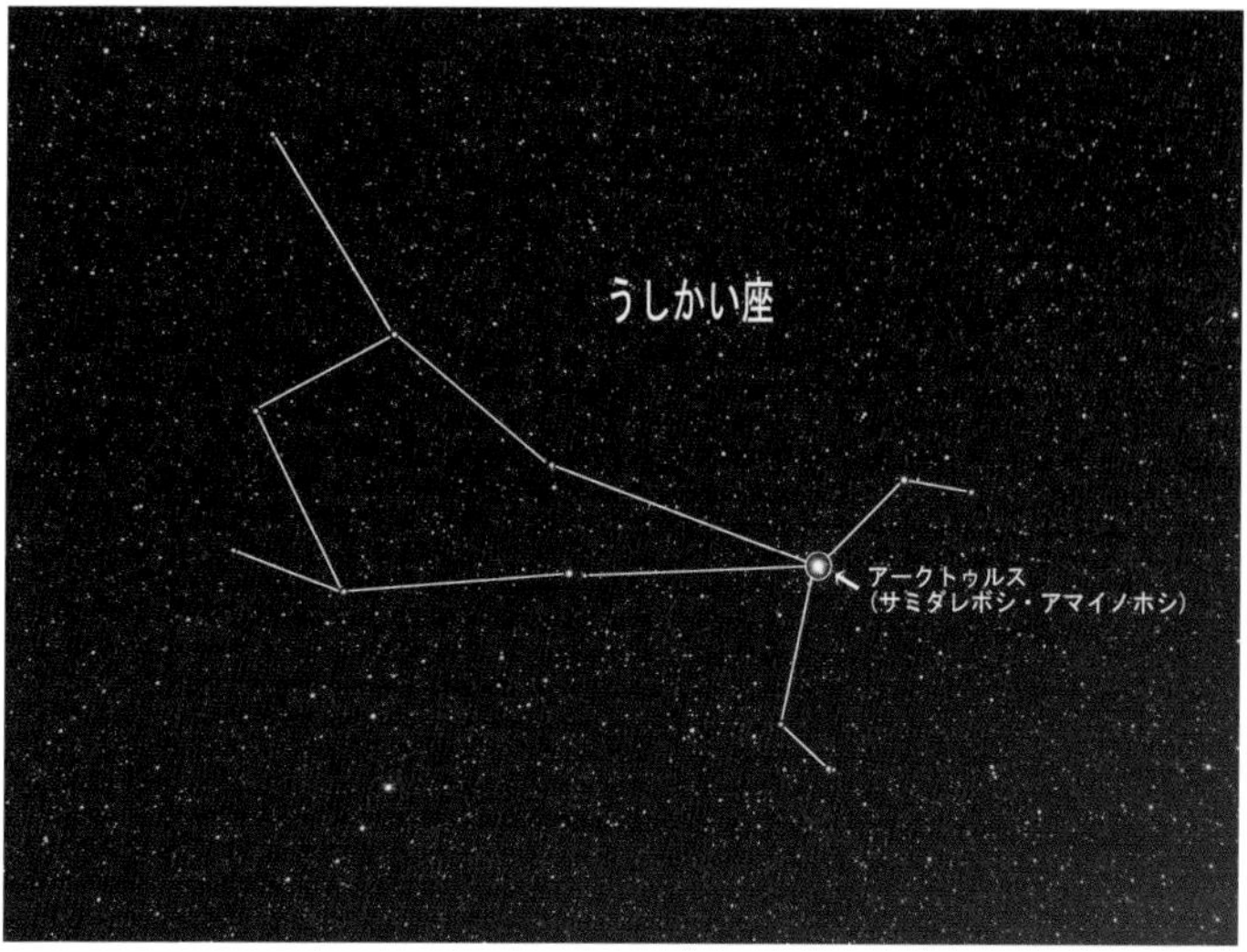


梅雨空の輝星「アークトゥルス」（撮影・佐藤孝悦）

じられるから不思議である。

その星空のほぼ真上に、だいだい色に輝くうしかい座の一等星アークトゥルスが見つかる。この星は全天で三番目に明るい恒星である。その直径はわが太陽の二十四倍にも及び、実際の明るさは太陽の百倍もある。

アークトゥルスの色と明るい輝きは、古くから人々の目を引き付け、季節の移り変わりや方位を知る重要な星とされてきた。

古代ギリシャの船乗りたちは、地中海が荒れる季節を知る目印としてアークトゥルスの輝きを眺め、この星が夜明けに先んじて昇るようになると、決して船を出さなかったという。わが国では、〝ムギボシ〟（麦星）と呼んで、麦の刈り入れ時の目当てとしていたことは、既に報告した通りである。

この星が一番高く輝くのが、梅雨時のことである。その季節を見事に言い当てた素晴らしい和名がある。残念ながら宮城県にて採取した名ではないが、和名の標準語に加えたいほどの名なのであえて紹介したい。『日本星名辞典』（野尻抱影著）に記載されている〝サミダレボシ〟（五月雨星・東京都小松川町）と〝アマイノホシ〟（雨夜の星・愛媛県西条町）である。

梅雨空の切れ間に輝くアークトゥルスの情景を的確にとらえており、その名を聞いただけで季節が知れる。

# 北の大星・子星（キタノオオボシ・ネボシ）

## 太陽の数千倍

巡る星空の中心に位置する北極星。それはほぼ二等星の光であり、明るさの点からだけ言えば特に目立つほどの輝きではない。

しかしながら、この星ほど古くから注目され続けた星は他にない。その理由は、一晩中ほぼ動かず方角を教えてくれるからに他ならない。特に、夜の海上にある漁師たちがかけがえのない大事な星としたのは、北極星の性質上当然のことであろう。

この性質を取り込んだ新たな和名を採取することができたので報告したい。

「流し網は潮の流れのままに流すもんだが、その入れごろそして取りごろの時刻はな、ナナツボシで見ろと祖父から教わった。方角を読むための星はネボシだな。この星はキタノオオボシとも呼んでいた。オオボシっていうのは明るいからではなく、目当ての意味だからなんだな」

今年（昭和六十二年）の六月二十二日、和名採取のため志津川町（現・南三陸町志津川）を訪ねた折、同町滝浜の漁師後藤稔氏より伺った話である。

めぐる星空の中心「北極星」(撮影・前川義信)

さほどの明るさを持たずとも、大いなる星と言われる北極星。その情景を見事に言い当てた〝キタノオオボシ〟（北の大星）、実に素晴らしい和名である。

今では、漁船のほとんどが、レーダーやロラン・GPS（位置探知器）を備えていると聞く。北極星を目当てに船を進めることもなかろうが、ぜひ後世に残したい北極星の和名である。

さて、氏の話の〝ナナツボシ〟（七つ星）はもちろん北斗七星であり、〝ネボシ〟（子星）は全国的に言われる〝ネノホシ〟（子の星）の短縮形で北極星を指している。

天文学的に見た場合の北極星は、やはりオオボシと呼ぶにふさわしい。なぜなら、北極星の実際の明るさは、なんと太陽の二千倍もあるからである。もし太陽に代えて北極星をその位置に置いたとしたなら、空の明るさは現在の二千倍もの輝きとなってしまうのである。それだけの明るさと大きさ（太陽の三十倍）を持つ北極星が、星空にあって二等星としか見えないのは、あまりにも遠方（四百三十光年）に位置しているためなのである。

星の世界の広がりを感ぜずにはいられない。

# 夜明けのピンゾロ（ヨアケノピンゾロ）

## 漁師の羅針盤

金星は地球のすぐ内側の軌道を公転しており、その軌道の性質上太陽から四九度以上に離れて見えることはない。出没の時間帯や方角がほぼ限られてしまうのはこのためである。それ故に、明けの明星・宵の明星という名を与えられ、その名が示すごとく、夜明け時あるいは暮れごろの時刻測知の目当てとされて来た。

しかしながら、惑星である金星は星空の一角に停止して輝くはずもなく。絶えず天空を移動している。明けの明星と宵の明星の繰り返しの周期は二百九十二日間であり、一年で巡る地球の季節変化との相関はない。つまり、金星の放つ輝きが、時刻・方角を知る目当てとはなっても、季節の移ろいを測る目当てにはなり得ないのである。

『星の方言と民族』（内田武志著）によれば、島根県においては、宵の明星を〝トキシラズ〟（節知らず）と呼んでいるという。季節にかかわりなく天空を移動する金星の性質を言い当てた和名である。

東の空に昇った「金星」（撮影・佐藤孝悦）

季節の目当てとならないにしろ、金星の放つすさまじいばかりの輝きは、単にそれだけでも人の目を引くに値する。その輝きから来る印象をそのまま金星の名とした、何とも愉快な方言を採取したので報告したい。

仙台市若林区荒浜を訪れた折、当地の漁師遠藤松吉氏より伺った話である。

「サイコロの目が一・一と揃《そろ》った時がピンゾロ（揃い目）だな。明星は一番明るくて一番目立つ。いの一番の星だから一・一でピンゾロさ。そんなもんだから明け方の明星を〝ヨアケノピンゾロ〟（夜明けのピンゾロ）と呼んだもんだ。ピンゾロが昇って来れば間もなく夜明けだな」

七ケ浜町要害の漁師佐藤庄三氏からもピンゾロの名を聞いている。当時の漁師気質が伝わってくるような響きに思われる。

興味深いのは、両氏ともに「夕暮れ時の明星はピンゾロとは言わなかった」ということである。このことは、夜の海原に乗り出す漁師にとって、夜明けを告げる金星の輝きの方が、宵の西空にかかる時のそれよりもはるかに貴重な輝きと映っていたことを示している。

同じような輝きではあっても、農耕を営む人々が、夕暮れ時の金星の輝きに注目していたのと対照的である。

# 織姫・彦星（オリヒメ・ヒコボシ）

## 七夕伝説の主役

美しく澄み渡った夏の夜空を見上げると、降るように光る満天の星々の間を、淡い光の帯のような天の川が流れている。頭上にかかる天の川の西の岸に、ひと際目を引く一等星が輝いている。涼しげなその光は、まさに夏の夜空の女王と称されるにふさわしい。天の川の東岸に光るわし座のアルタイル（牽牛《けんぎゅう》）とともに、七夕伝説の主役の星である。

七夕伝説は、古代中国（唐）より遣唐使が持ち帰ったものである。初めは専ら朝廷を中心として行われていた行事であった。万葉集などを調べてみると「七夕」は「ナヌカノヨ」と詠まれており、「タナバタ」とは言わなかったことが分かる。しかしながら、漢名の「織女」には、機織（ハタオリ）の伝説にそって「棚機津女（タナバタツメ）」の名が当てられている。

それでは、「七夕」の字を「タナバタ」と読むのはなぜなのか、そしていつごろからのことであろうか。

七夕伝説は、朝廷の役人が出張などの折、諸地方へ伝承され、次第に全国にて行われる星祭り

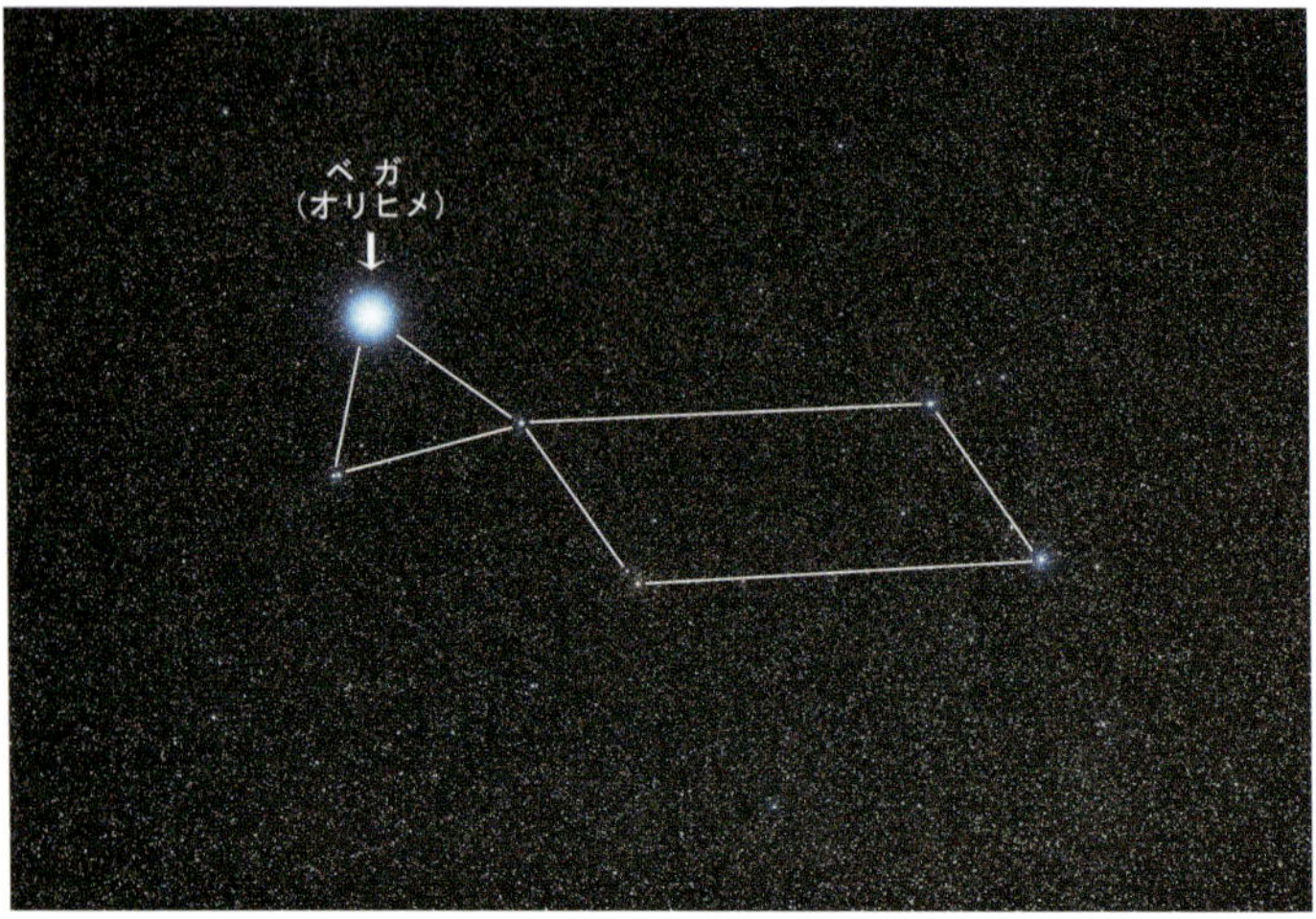

夏の夜空にかかる「こと座」（撮影・佐藤孝悦）

の行事となった。しかし、わが国においては、伝説の普及以前から、田の神に豊作を祈願する祭事として、地方の農村ではお盆の前にタナ（種）マツリ、あるいはタナハタ（田の端）マツリと呼ばれる行事を行っていた。この祭事に、中国伝来の星祭りの時期が重なって一緒の行事となり、七月七日の夕の星祭りに豊作祈願の込められた「七夕（タナバタ）祭り」の名称が誕生したと思われる。「七夕（タナバタ）」の読みのある史料は、平安（延喜）時代以降になってからのものばかりである。

さて、意外なことではあるが、七夕祭りで有名なこの二星の和名は、全国的にみても非常に少ないのである。これは、中国伝来の星祭りとともに織女・牽牛の名が早くから普及し、古くから和名に取って代わったためと考えられる。

日本一の七夕祭りを催す仙台市。その仙台市を抱える宮城県なのではあるが、七夕の星に関しては、和名の標準語とも言える〝オリヒメ〟（織姫）・〝ヒコボシ〟（彦星）の他の名は皆無である。

読者諸氏の中で、ふるさとの地に伝わる和名をご存知の方がおられたら、ぜひ報告を願いたいと思う。

# 七夕星（タナバタボシ）

## 豊作を祈る

七月七日は七夕祭りである。しかしながら、この時期の夕刻に星空を仰いでも、織姫星（こと座のベガ）は東の中天ほどにしか昇っておらず、天の川の対岸に位置する彦星（わし座のアルタイル）にいたっては東の地平線上に昇って間もなく、人の目を引くほどの輝きには程遠い。七夕伝説に色を添えるはくちょう座の一等星デネブも北東の空に低い。しかも、この時期は梅雨の真っ最中でもあり、七夕祭りの両星の輝きを眺めるには早過ぎる。やはり七夕祭りは、梅雨も明けて両星の高度も十分に高くなった八月に行うのが妥当と思われる。

その飾り付けの豪華なことで知られる仙台の七夕祭りは、毎年多くの観光客を魅了している。ちょうどその時期の午後九時ごろになると、織姫星は仙台のほぼ真上に輝いている。東京や札幌などで見ればもちろん真上から外れるわけである。

これは仙台の緯度と天球上の織姫星の緯度がほぼ一致しているためなのであるが、七夕祭りの盛んな仙台を思うと何となく不思議な縁めいたものが感じられる。

天の川を挟んで輝く「七夕の星」（撮影・佐藤孝悦）

このようなことに気付いて織姫星を見る人は、数十万人にも上る七夕見物の人波の中に、果たして何人いるのだろうか。

星を見ない七夕祭りでは味気ない。竹飾りの見物に出かけた折にはぜひこのことを思い出し、七夕祭り本来の主役である織姫星を眺めて頂きたい。頭上に目を向けるだけで認められるのであるから。

「七夕のころに空に光っているのがタナバタボシだな。タナバタサンと言うこともある」。七ケ浜町の遠藤龍太郎氏の話である。極めて漠然とした名であり、どの星座のどの星かまるで見当がつかなかったが、さらに話を伺ったところ、どうやらこの〝タナバタボシ〟（七夕星）の名は一つの星を指しているのではなく、織姫星・彦星の他に、はくちょう座のデネブや、その付近に点在する星を含めての総称らしいと了解できた。

七夕の宵に見られるからタナバタボシ。当然と言えば当然過ぎるほどの単純さではあるが、光害もなかったであろう星空に目を向け、実際に星を眺めながら豊作祈願の祈りを込めて竹飾りを立てた七夕祭り。タナバタボシの名からは、当時の素朴な七夕祭りの様子が浮かんでくる。

# 犬飼星（イヌカイボシ）

## 彦星の名が普及

夏の夜空を飾ること座のベガ（織姫星）とわし座のアルタイル（彦星）。この二つの星は、全世界的に見ても一対のものとして見られていることが多い。

例えば、ベガ・アルタイルの名はともにアラビア語からの命名であり、ベガが「落ちる鷲《わし》」、アルタイルは「飛ぶ鷲」との意味を持っている。

中国の七夕伝説による織女《しょくじょ》星・牽牛《けんぎゅう》星の見方同様に、二つの星の輝きが古代アラビアの人々の目にも一対のものと映っていたことが伺える。面白いことにわが日本においても七夕伝説伝来以前から〝ミョウトボシ〟（夫婦星）とか〝フタツボシ〟（二つ星）などと呼び、やはり一対の輝きとして眺めていたのである。

宮城県にあっても、〝タナバタボシ〟とか〝タナバタサン〟と名付けて一緒に眺めていたことは既に報告の通りではある。天の川を挟んで光る両輝星には、洋の東西を問わず、見る人々をして両星を一対のものと感じさせる輝きがあるように思われる。

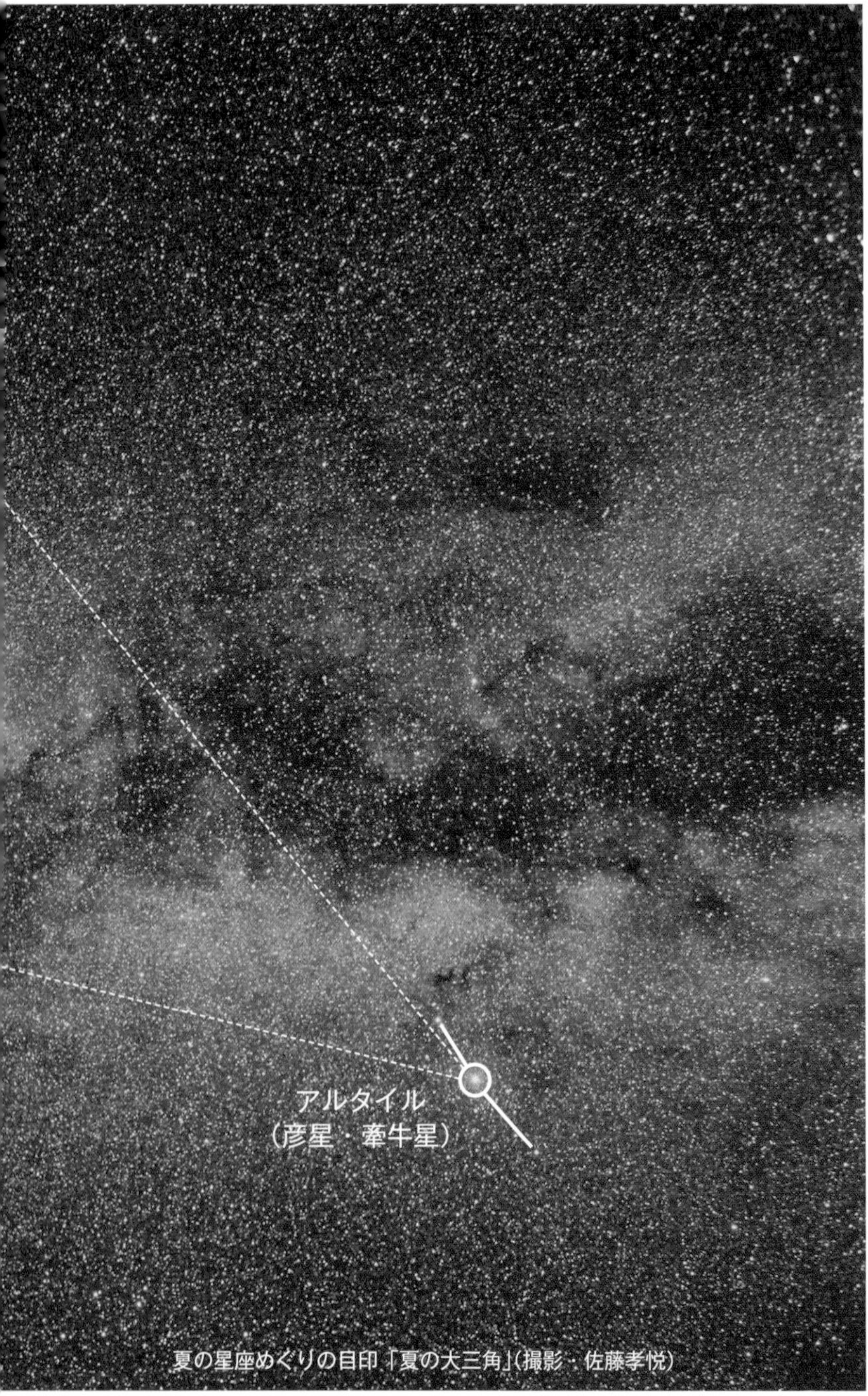


夏の星座めぐりの目印「夏の大三角」（撮影：佐藤孝悦）

ベガ
（織姫星・織女星）
夏の大三角
デネブ

さて、アルタイルの漢名は牛飼いを意味する牽牛である。ところが日本では、アルタイルを〝イヌカイボシ〟（犬飼星）と呼んでいるのである。アルタイルの両脇に光る小星を、主人に従う犬と見立てたわけである。牛飼いと犬飼い、七夕の星を単独で見た場合でもほぼ同様の見方が行われている。偶然の一致ではあろうが、なにかしら不思議な縁のようなものを感ぜずにはいられない。

〝イヌカイボシ〟の名は宮城県から採取した和名ではないが、『倭名抄』に記されており、相当古くから全国的に言われていたものと考えられる。しかしながら、七夕祭りの行事が広く一般に普及するにつれ、彦星の名に取って代わられ、現在では使われることも少なくなっている。

天文学的に見たアルタイルは、その直径が太陽の約二・七倍、ほぼ白色の〇・八等星であり、表面温度はベガよりやや低く八千度。しかし自転の速度は猛烈に早く、わずか七時間で一回転している。赤道上での自転速度は秒速二百五十キロメートルにも及び、そのため星全体が赤道の方向につぶれた偏平な姿となっている。われわれからは十七光年（一光年は約十兆キロメートル）の位置にある。ちなみにベガとアルタイル間の距離はほぼ十五光年である。

# 天の川と北十字星（アマノガワとキタジュウジセイ）

## 夏の大三角

夏の夜空の風物詩天の川。それは南の地平線からゆったりと立ち昇り、淡い光の帯となって頭上にかかり、北の地平線へと続いている。

夜空を一周するこの流れは夏にしか見られないものではなく、その気になれば四季を通して観察可能である。厳冬期の夜空にも天の川は見えているのである。天の川が夏の代名詞として言われるのは、星空を見上げる人々の多い夏の時期に、誰の目にも認めやすい幅の広い明るい天の川が宵の刻に見られるからである。

換言すれば、天の川の流れの向きや、見える方向・時刻を観察することにより季節の測知が可能となる。

「天の川がはっきり見えるころになると、そろそろ稲の実りごろで、収穫がすんでしばらくすると天の川は消えている」

塩釜市の阿部ちとみ氏の話である。天の川の見え具合やその在り場所から、季節を読み取って

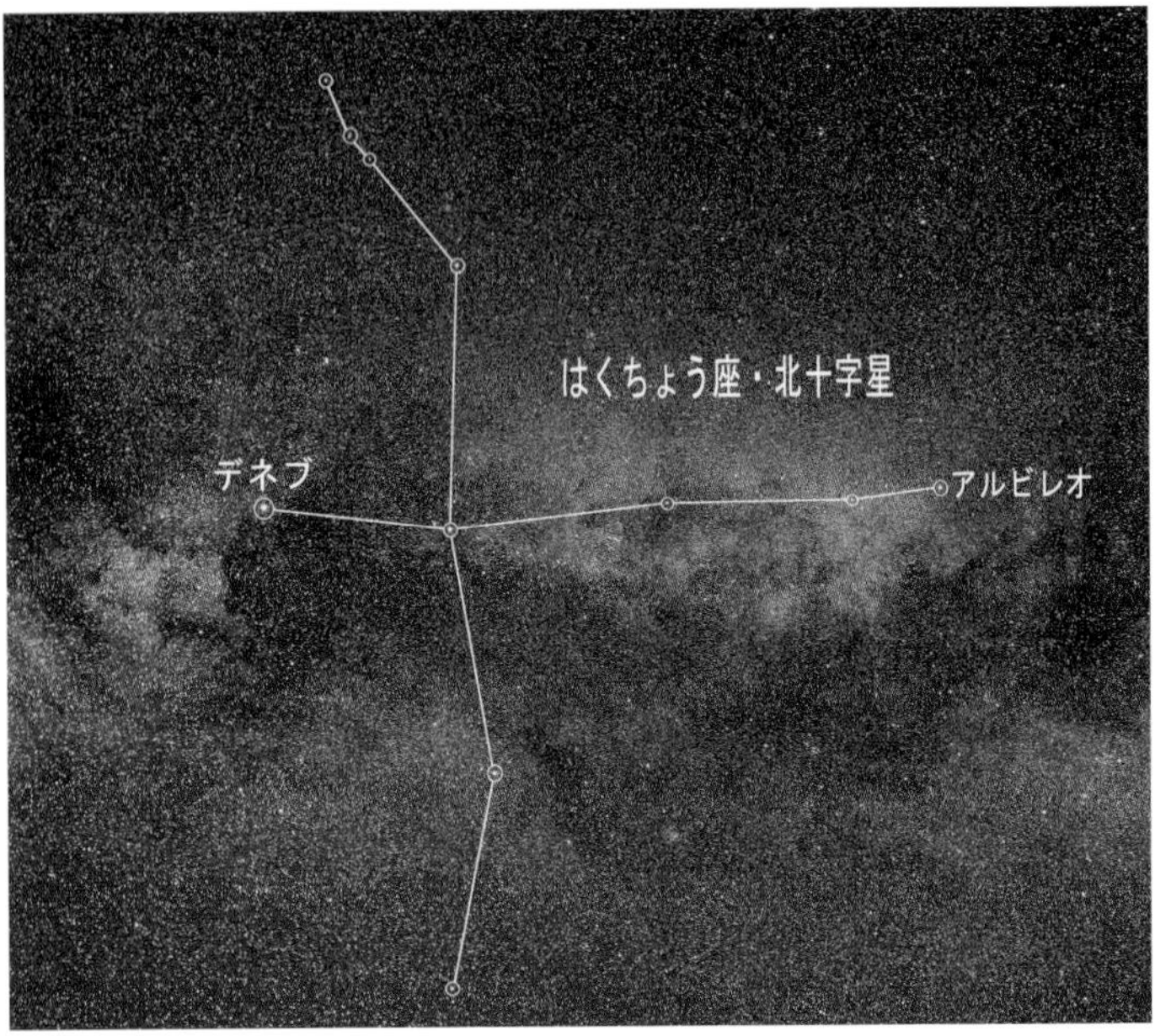

天の川とはくちょう座（撮影・佐藤孝悦）

いたことが伺える。

さて、天の川の流れに沿って北へ昇ると、はくちょう座の一等星デネブ（宮城県においてはこの星も〃タナバタボシ〃と呼ばれている）の白い輝きが目に留まる。

デネブと、こと座のベガ（織姫星）、わし座のアルタイル（彦星）の三星によって描かれるのが夏の星座巡りの目印〈夏の大三角〉である。三星の中にあって最も暗く見えるデネブであるが、それは千四百二十四光年という遠方に位置しているためのことであって、実際の明るさを計算してみると、太陽の約六万倍もの明るさで光る星であることが分かる。

デネブの付近に光る二等～三等星の星々を結び合わせると鮮やかな星の十字形（写真参照のこと）が浮かび上がる。これがはくちょう座の星並びである。はくちょう座の描く十字形は、有名な南天の〈南十字星〉に対して〝キタジュウジセイ〟（北十字星）と呼ばれることがある。この名はどこで生まれた名と言うものではなく、〈南十字星〉の名が広範に知られるようになってから、それに相対するように使われだしたもので、比較的新しい名ではある。

古くから伝わるはくちょう座の和名としては、関西地方で言われる〝ジュウモンジ・ジュウモンジサマ〟（十文字様）がある（内田武志著『星の方言と民俗』）が、わがふるさと宮城の地からはいまだに採取できていない。

# 瓜畑（ウリバタケ）

## ベガへの供え物

昼の残暑にふうふう言っていても、ひんやり涼しい夕風にどことなく秋の気配が感じられる今の時季（八月半ば）。暦の上では立秋も過ぎ去り、東の空には秋の星々さえ輝き出している。異常とも言える〈長梅雨〉のため今一つはっきりしなかった今年（昭和六十二年）の夏空。しかしながら、暑くもなく寒くもないという気候に加え、夏の星座たちが頭上に位置するこの時季の方が、夏の星空散策には最高の季節と言えるのかもしれない。

天の川のかかる天の頂にこと座のベガ（織姫星）が輝いている。並の一等星よりはるかに明るく（二・五倍の光量）誰の目にも留まる。天文学的に見たベガは、その表面温度がほぼ一万度、直径は太陽の二・六倍、実際の明るさは太陽の五十倍にも達している。青白色の光を放つベガは、別名「空のダイヤモンド」とも呼ばれるほどに美しい。

ベガのすぐ近くを見ると、三等星二個と四等星二個が並び、小さな平行四辺形を形成しているのが分かる。この形は古くから〝ウリバタケ〟（瓜畑）と呼ばれている。恐らくは、田の神に豊

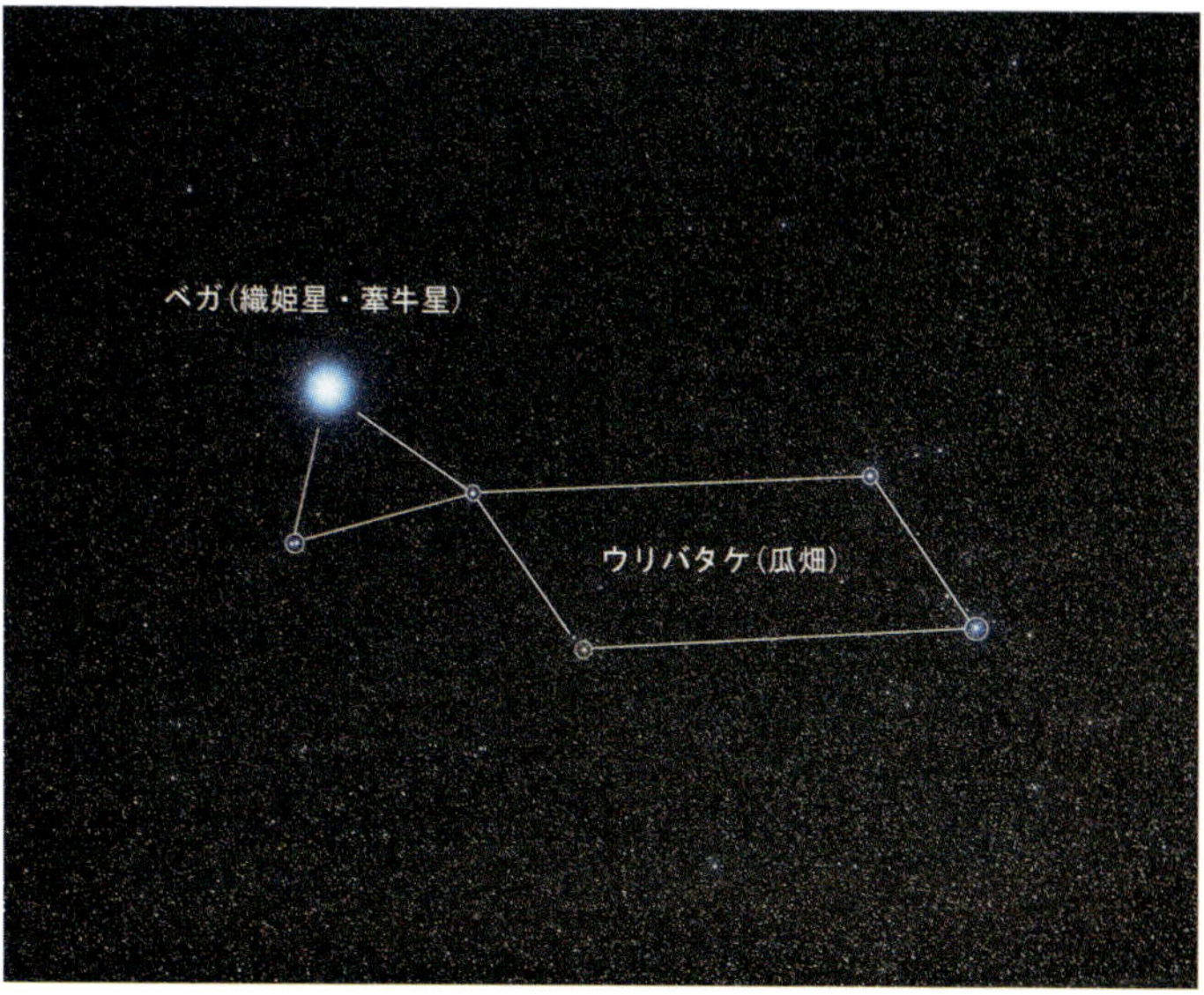

空のダイヤモンド「ベガ」とこと座（撮影・佐藤孝悦）

作を祈願するタナハタ祭りの際、〃タナバタサン〃（ベガ）への供え物をあてたものと考えられる。

さて、このウリバタケの星並びにベガを加え、古代ギリシャの竪琴（ライラ）に見立てたのがこと座である。日本もギリシャも全く同様の星結びをしていることは面白い。

こと座のベガが、七夕（八月七日ごろ）の夜の九時十分ごろ、仙台（正確には宮城県北部の若柳町＝現・栗原市若柳）のほぼ真上に位置すると記したわけであるが、ご覧になったであろうか。まだ見ていなければ、八月十八日から十九日にかけて眺めて頂きたいと思う。それと言うのも、この日は、環境庁（現・環境省）大気保全局が行う「第二回星空観察（現在休止中）」の指定日となっているからである。

第一回は冬空の〝スバル〟が観察対象とされ、寒風に吹かれながらの星空観察となったが、今回はその心配はいらない。観察時刻は午後八時から一時間程度。ベガとそのそばの星で造る三角形（写真参照のこと）の枠の中に見える星の数が観察対象である。残念ながら肉眼で見える星はほとんどなく双眼鏡での観察となる。夏休みの思い出にお子さんと眺めて見たらどうだろう。

# お草の睨み・三連（オクサノニラミ・ムヅラ）

## 低空に短時間

「サンデーショ（三大星）が明け方一番に見えるのは、土用の丑《うし》の日のころだ。このサンデーショが水離れ（水平線からの高度が高くなること）して宵の空に見えるころになると、イシガレイがよく釣れる季節となる」

亘理町荒浜の漁師・菱田仁三郎氏が当地に伝わる格言として話してくれたことである。サンデーショとは、先に真冬の星として紹介したオリオン座の三つ星のことである。土用の丑の日（七月二十日）ごろに三つ星を認めるのは大変なことである。それというのも、このころの三つ星は太陽のごく近くにあり、日の出直前の東の低空に短時間しか見えないからである。昔の漁師の鋭眼ぶりとともに、星の輝きに漁期の到来を感じ、その季節をいち早く察知する観察眼の確かさが伺える。

確かな観察眼といえば、このような話もある。

夏の終わりごろから秋口にかけてはイカ漁の節だな。昔は手漕《てこ》ぎの舟で金華山の辺りまで出掛けたもんだった。もちろん手釣りで釣ってだのさ。深夜に漕ぎ出して行くもんだがらオホッサマ（お星様）は良い目当てになる。

東の方を見てると、先ず〝オクサ〟（おうし座プレアデス星団）が昇って来る。そのすぐ後に〝オクサノニラミ〟（おうし座ヒアデス星団中の輝星アルデバラン）が光り出すんだ。しばらくすると、ちょうど良い明るさの星が三つ並んだ〝ムヅラ〟が東から真っすぐに出てくる。またしばらくしてから〝ムヅラノアドボシ〟（おおいぬ座のシリウス）も顔を出す。この星はとっても明るく青白い光で、それは良く目立ったもんだ。

漁をしながら時測《ときばか》りに星を見るわけだが、時計もなかった時代だから、星を知らねばイカ釣りの船頭はできないわけさ。

牡鹿町泊浜（現・石巻市泊浜）の漁師、平塚薫氏（八十二歳）から伺った話である。漁労を生活の糧とする人々と星の結び付きがしのばれる話である。興味深いのは、ここで言う〝ムヅラ〟はおうし座の〝ムヅラボシ〟（六連星）ではなく、オリオン座の三つ星を指していることである。

三つ星を〝ミヅラボシ〟（三連星）と呼ぶ地方（岩手県）のあることは承知していたが、三つ星を指す〝ムヅラ〟にいかなる字を当てるのだろうか。その意味するものも含めて確認してみたいと考えている。

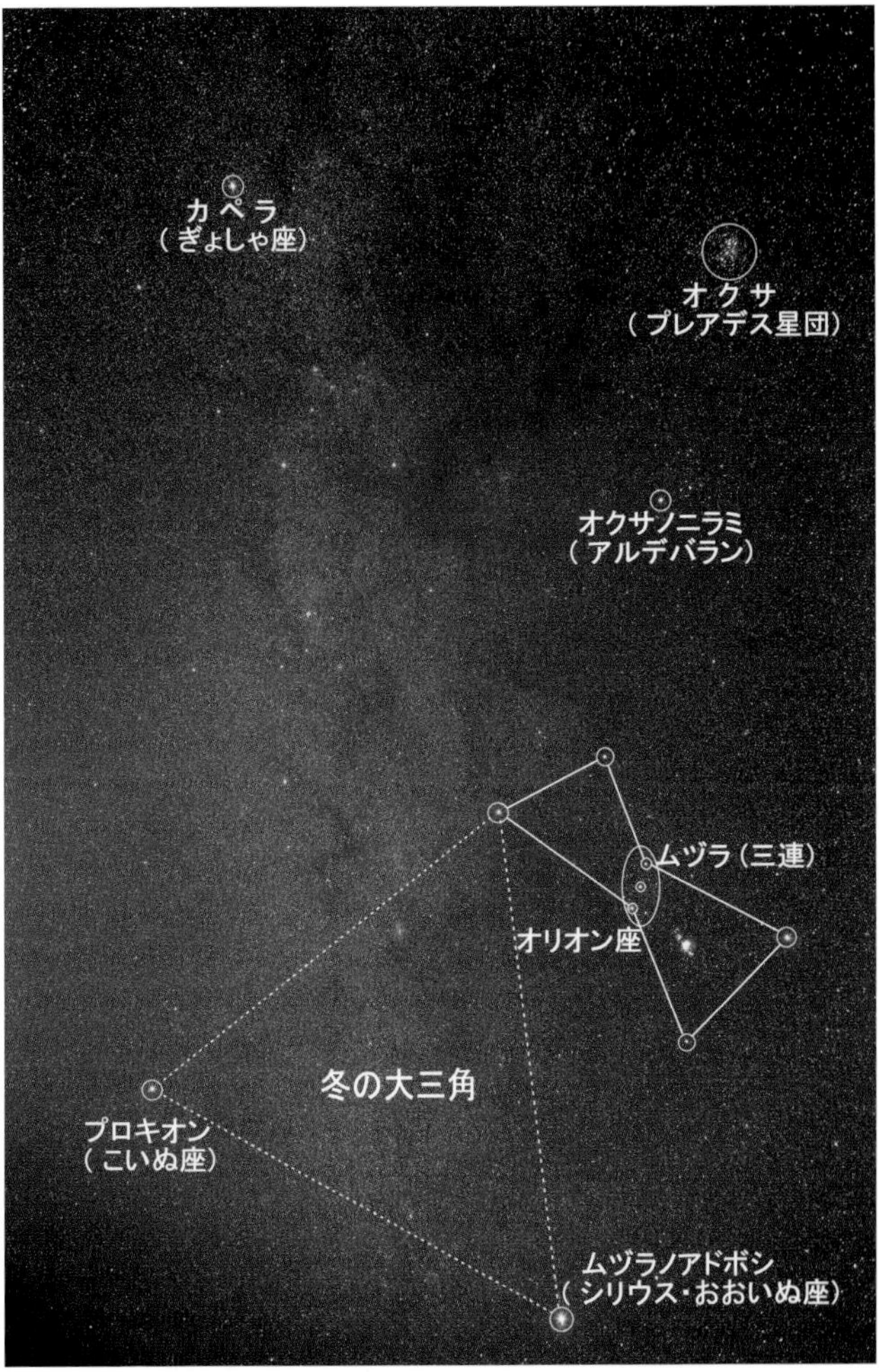

時測りに使われる冬の星々（撮影・佐藤孝悦）

# 赤星（アカボシ）

## 低い表面温度

ひんやり涼しい宵風に誘われて夜空を眺めて見ると、まだ薄明の残る南の中空に黄金色の星が瞬き始めているのに気付く。この星が惑星の土星である。

どっしりと落ち着いた感じの光を放っており、誰の目にもたやすく認められる。土星の輝きに見とれているうちに夜空は暗さを増し、残っていた夕焼けの色も消え去り、宵から夜の空へと色も変わる。明るい星から順に登場した星々によって、次第に星座の姿がはっきりしてくる。

このような、星の出そろうまでの情景に浸ってみるのも、星空散策の楽しみ方の一つである。

土星のやや西寄り、南東の空に輝いている赤色の一等星がさそり座のアンタレスである。この星の和名が〝アカボシ〟（赤星）である。星の色からという極めて単純な命名なのではあるが、この星の持つ独特の

天の川とさそり座の「アカボシ」（撮影・前川義信）

雰囲気を実に良く言い当てているから不思議である。

実際の夜空でその輝きを目にすれば、その名が示す血のような赤色に驚くことであろう。アンタレスが真っ赤な色に見えるのは、その表面温度が三千度と低いためである。

天文学的に見たアンタレスは、その直径が太陽の七百倍にも達する巨大さであるが、平均密度は地球大気（地表面）のわずか一万分の一しかないのである。アンタレスは全体として見れば〈真空の星〉と言うことができる。

南の地平線が良く開けた場所に立ちアンタレスの付近を良く見ると、十数個の明るい星々によって描かれる実に雄大な〈S字形〉の星並びがある。さそり座である。地平線にやや低いきらいはあるが、星並びと星座の形がぴったり一致しており、恐ろしい毒虫さそりの姿が鮮やかに浮かび上がる。

日本においては、この星並びを釣り針の形に見立てて〝ツリバリボシ〟(釣り針星)とか〝タイツリボシ〟(鯛釣り星)などと呼んでいる(野尻抱影著『日本星名辞典』より)。

しかしながら、このような見方は、さそり座が高く昇り、その全形が容易に見られる南の地方に限られている。わが宮城の地、さらに広く見て東北の地にては、〈S字形〉の下のカーブは一〇度以下の高さにしかならず、地平線や水平線に霧やモヤがかかろうものなら、その全体像は失われてしまうのである。

# 長刀星・箒星（ナギナタボシ・ハキボシ）

## 悪魔の使い？

夜空には実に多くの星や天体が輝いている。その中にあって最も奇妙な姿をしているのが彗星《すいせい》である。

　星空の一角に突然現れ、長大な尾をひきながら星空に君臨し、またどこへともなく飛び去って行く彗星。彗星の持つ不気味で不思議な長い尾は、正確な天文知識を持ち得なかった古代の人々を驚かすには十分過ぎるほどであった。

　今日では考えられないことであるが、古代においては、世界の諸

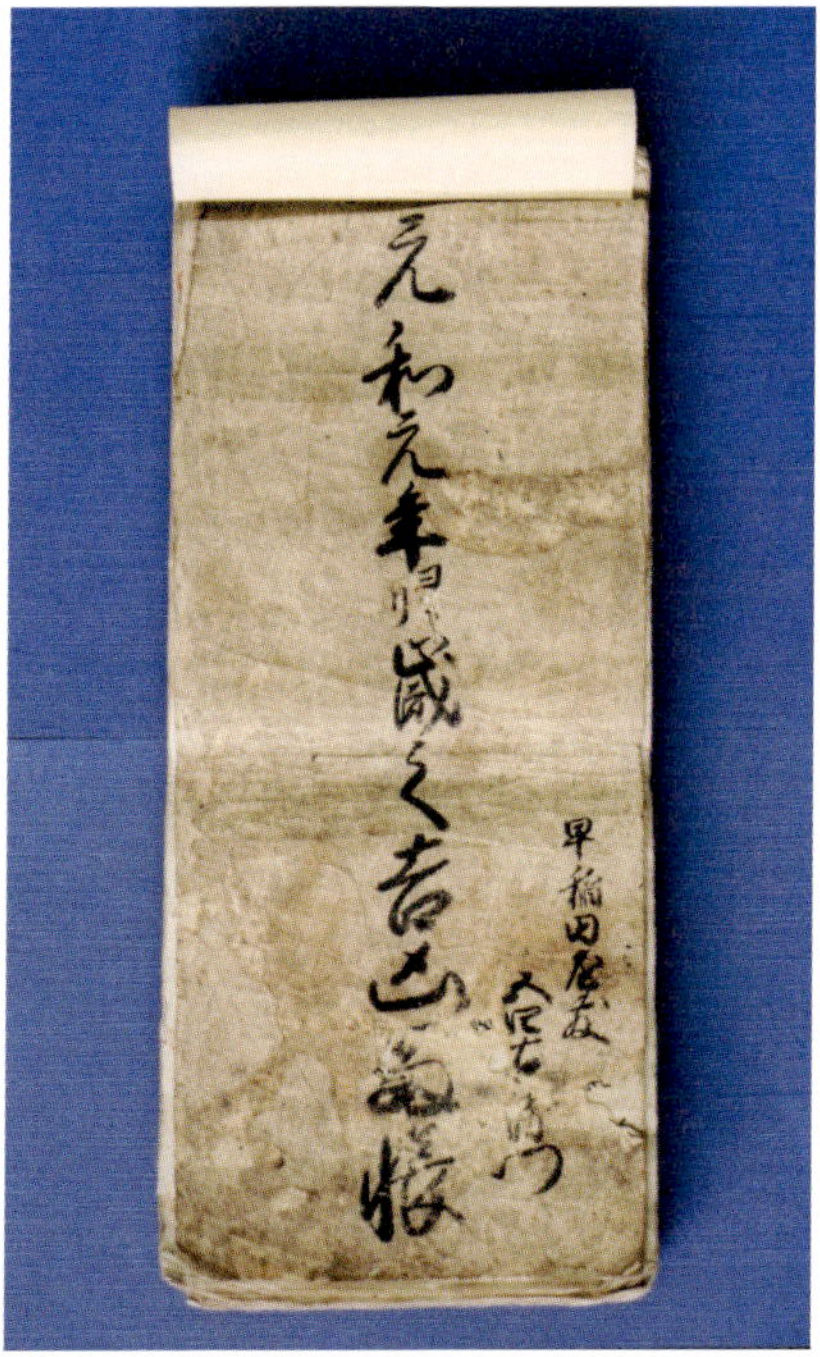

『元和元年ヨリ歳之吉凶留帳』の原本

民族の多くが、彗星の出現を凶事の前触れ〈悪魔の使い〉と見ているのである。日本においても例外ではなく、彗星が現れると飢饉《ききん》が起こり疫病がまん延し、やがて国が滅びるとされていた。天皇・皇族・高官の死や病気・事故などの原因も彗星出現と結び付けられたのである。

平安の時代にあっては、彗星の出現が原因であろうと考えられる年号の改革が、なんと四回も行われている。それが故に、当時は彗星の出現・動向・形態の観察、そして、その記録は欠くことのできないこととされていたのである。

彗星に関する貴重な文献を、著者のご好意により入手することができた。

見事な尾をひく「ヘール・ボップ彗星(1997 年)」(撮影・著者)

河北新報の昭和六十二年九月一日付朝刊に、農民文書の名で掲載・紹介された、早稲田屋敷・阿部家に伝わる『元和元年ヨリ歳之吉凶留帳』（阿部彰晤・編著）である。

記載されている天文・気象の記録は詳細に及び、天文学的に見ても、学術的価値の高い内容である。その中に、元和元年より文政五年（一六一五—一八二二年）の間に出現した肉眼的な彗星の描写と観察の記録が示されている。

さて、同書に見られる彗星の和名には〝ナギナタボシ〟（長刀星）〝ホシケン〟（星けん〈剣〉）〝ハキボシ〟（箒星＝当地方では掃除用の箒《ほうき》を「ホウキ」と呼称せず「ハキ」と言う。との注釈あり）がある。三種ともに彗星の姿の形容からきているものである。

太陽系には九個（現在八個・冥王星は準惑星と区分され、惑星のカテゴリーから除外された）の惑星があり、それぞれが太陽を中心として回転している。さらにその惑星の周りを回る衛星、そして小惑星や流星。これらの天体によって太陽系が形づくられている。

彗星も姿こそ不気味ではあるが、凶事の前兆〈悪魔の使い〉ではなく、わが太陽系の一員なのである。現在でも何十個、いや何百個もの彗星が、太陽を一つの焦点とする楕円《だえん》軌道上を公転している。その中にはあの有名なハレー彗星も含まれる。

写真は平成九年に出現し、「The Great Comet of 1997」と称された「ヘール・ボップ彗星」の姿である。

# 旗雲（ハタグモ）

## 彗星の尾

忽然《こつぜん》と現れ、夜空に光る全ての天体を圧倒し、長大な尾をひく彗星《すいせい》。太陽の近傍にかかるころになれば、その尾も最大となり、誰の目にも留まる。しかし、ひとたび太陽から遠のくと、その明るさの急激な減衰とともに尾も縮小し、やがてはわれわれの視界から消え去ってしまう。

まさに神出鬼没ともいえる動きを示す。このような立ち居振る舞いを見せることから、古代から多くの人々が、彗星は天界にあるものではなく、地球大気の中で起こる雲のような物、つまり、気象現象であろうと考えたのも無理からぬことであった。

「寛文・戊申《つちのえさる》八年（一六六八）二月始より　三月十日間で西南の間に　白雲出る　旗雲と云三月二日より　八日まで」、あるいは「天和元辛酉《かのととり》年（一六八一）十一月五日　晩より　旗雲出る　十二月　きゆる　ちうとう（仲冬の意・陰暦十一月）に出る」

先に紹介した『元和元年ヨリ歳之吉凶留帳』（阿部彰晤・編著）に記載された一節である。

原文には「○旗雲＝細長く旗のようにたなびく雲を言う…（この雲の出る年は変事ありと占

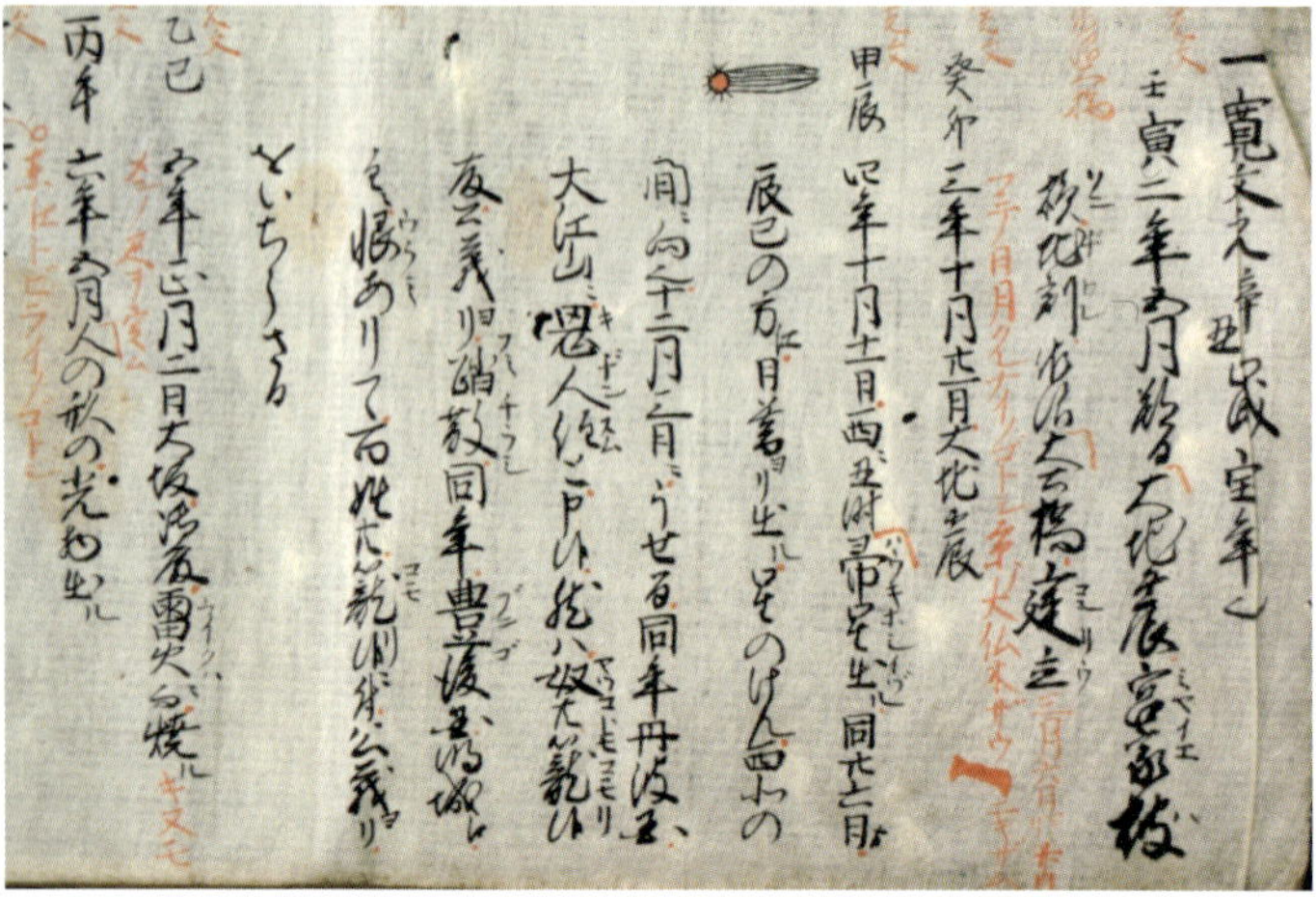

『元和元年ヨリ歳之吉凶留帳』（阿部彰晤・編著）の一部

う）の注釈とともに、〈旗雲〉の形態描写の絵図も残されている。それは、尾をたなびかせる彗星の姿と驚くほど酷似している。実に素晴らしい記録が残されていたものである。

さて、昔より彗星は凶事の前触れとされていた。〈旗雲〉に関する変事の伝承、そして長期間の出現。単なる雲であれば変形無しの長期間出現はあり得ない。〈旗雲〉は彗星なのでは、との思いから「彗星の軌道カタログ」をめくり、符号すると思われる幾つかの彗星を選び出し、計算機にかけて調査したのである。

果たせるかな、〈旗雲〉出現時に合致する彗星があったのである。確認のため、さらに、天空における〈旗雲〉と〈対応彗星〉の位置を計算機で精査したところ、ここでもまた一致が見られたのである。

先の文献に記録された〈旗雲〉の全てが彗星であ

ると は言えないが、その幾つかは明らかに彗星だと考えられる。
　暮れなずむ宵の空に掛かり、長い尾をたなびかせる彗星。それを見事に表した〈旗雲〉という和名。その響きからは、夕暮れの情景さえ感じ取れる。

# 稲星（イネボシ・イナボシ）

## 豊作の前兆

近年に至るまで、世界の諸民族から、凶事の前兆とされてきた彗星《すいせい》。見る人々に恐怖心を抱かせるのに十分な、おどろおどろした姿と動き。あの有名な清少納言の『枕草子』にも「名恐ろしきもの」として〝ホコボシ〟（鉾星）が挙げられている。〝ホコボシ〟とはもちろん彗星の和名である。

わが宮城の地においても「箒星が出た年には偉い人が亡くなる」とか「日和が定まらなくなり、天災が起こる」、あるいは「箒星が出ると近いうちに大地震が起きる」とか、彗星の出現を凶事の前触れとする伝承を、その名とともに各地にて採取している。その件数は枚挙にいとまがないほどである。

かくも忌み嫌われた彗星であるが、わが国において広く使われている彗星の標準的和名〝ホウキボシ〟（箒星）の語源を探ってみると、古文献には「天の汚れを掃き清める象・彗星」とある。たまには掃星（ははきぼし）の字を用いているものもある。

長い尾をひく「百武彗星(1996 年)」(撮影・著者)

つまり、西洋において見られていた〈魔法使いのまたがるホウキ〉としてではなく、同じホウキの形状と見てはいても、彗星は天界を掃き清めるホウキとしてとらえられており、神聖視されていたことが分かる。さらに、彗星のひく長い尾を、実って垂れた稲穂の姿になぞらえ、出現時に豊作を祈願したとされる〝ホタレボシ〟（穂垂れ星）の名もある。

彗星の名の誕生時には、その出現を吉事の先触れと見る願いも込められていたことがうかがえる。しかしながら、その後は、戦乱・災害・飢饉《ききん》時に偶然出現した彗星の不気味な姿と立ち居振る舞いが、歴史的事実と強引に結び付けられ、やがては、彗星は凶事の前兆とされたのである。彗星にしてみれば、はなはだ迷惑なことであったろう。

彗星を吉事の先触れとする数少ない伝承と和名が、隣県岩手の地に残っている。

「彗星は稲穂のごとき状にみえるので〝イネボシ・イナボシ〟（稲星）とよぶ、そして稲星が現れた年は豊作だという」（内田武志著『星の方言と民俗』）

彗星を飢饉の前触れと見ることが多い中にあって、この和名からは、冷害による飢饉の常襲に悩まされつつ、それに立ち向かった、東北の農民の心根を感じ取れる。

# 秋星（アキボシ）

## どこか寂しげ

星空には、四季を通してそれぞれ独特の趣が感じ取れるものである。

例えば、その印象は、淡い花曇りのベールに包まれて穏やかに瞬く春の星たち。涼しげな銀河の流れにひたる夏の星々。透明な寒風に吹かれながらぎらぎらと輝く冬の星空といった風情であろうか。

ところがである。秋の星空にはこれと言った特徴が見当たらないのである。なぜかと言えば、人目を引くほどの明るい星が極めて少なく、一年で一番寂しい星空となっている。換言すれば、この寂しさこそが、秋の夜空の特徴と言えるのかもしれない。

秋の夜空に光る唯一の一等星が、みなみのうお座のフォーマルハウトである。全天に輝く二十個の一等星中十八位の光量と測定されてはいるが、その高度も最高で二〇度強と低く、地平線近くの白濁した空気を通して見ると、並の二等星と変わらぬ明るさとなり、ややもすると見逃してしまうほどである。

仲秋の宵のころ、南の空に目をやると、地平線からさほど高くない位置に、どこか寂しげな光の淡黄色の星がぽつんと一つ光っている。これがフォーマルハウトである。明るい星の少ない秋空の中で、なおのこと微光星ばかりの南の空に位置するこの星には〝ミナミノヒトツボシ〟（南の一つ星）の和名が与えられている。がらんとした南空に、孤独な光を放つフォーマルハウトの情景を的確に表現した名称である。この名は、星仲間の間では現在でも広く使われており、和名の標準語の感がある。

「秋の夕方、薪を背負って山から下りて来て、海がいちめんに見渡せるところで一服すると、南の空にぽつりと光っているのが〝アキボシ〟（秋星）で、そろそろ冬の支度にかからにゃならぬと思った」（野尻抱影著『日本星名辞典』）

岩手県宿戸の漁師の話として紹介されてい

秋空唯一の一等星「フォーマルハウト」（撮影・佐藤孝悦）

る和名である。実に簡単で素朴な名であるが、それが故に、なおのこと、人々がいかに星の光に季節の巡りを感じていたかがうかがえる。

季節を代表する星の全和名の採取は、到底のこと宮城の一県だけでは至難である。ふるさとの地を広く東北地方に広げ、各県に残る和名も併せて、以後報告してみたい。

# 錨星（イカリボシ）

## 山村の地に残る

今宵（十月初旬）あたり、空が晴れていたなら戸外に出て星空を見上げて頂きたい。北西の空に北斗七星（ヒシャクボシ・柄杓星）が認められる。

春の候、夜桜のこずえ越しに眺めた北斗の星並びは、宵の北天にかなり高くかかり見上げるのにも首の痛む思いであった。それが今では地平に低く、白濁した都会の空気の中では、見通しの悪さも手伝って、柄杓の全体像を目にするのも困難となってきた。季節が進めば、なおのことである。

北斗七星の柄杓の口の二星を結び、その間隔を五倍ほど北方へ延長すると北極星に届く。誰でも承知の方位測知方ではあるが、北斗七星がさらに低くなる季節（夜半前）には、この方法は使い難いと言える。しかしながら、星の世界は良くできたもので、低い北斗に代わって〈北〉を指してくれる星々がある。

五個の星が描く鮮やかなW字形（カシオペヤ座）の星並びがそれである。

W字形から北極星を捜す手だては幾つかあるが、最も分かりやすく一般的なのは、β《ベータ》星とα《アルファ》星を結んで延長した線とε《イプシロン》星とδ《デルタ》星を結んで延長した線の交点からγ《ガンマ》星までの間隔を五倍伸ばす方法であろう。ぜひ一度本当の空で試して頂きたい。

北斗の柄杓形とカシオペヤ座のW字形は北極星を挟んで相対している。つまり、両者からの方位測知方を承知していれば、季節を問わずに北極星を捜し出せるのである。昔の船乗りには常識とされていたことであるが、今の時代にあっても役立つ知識であろう。

ただ漫然と星空を見上げただけでも、必ずや目に留まるであろう顕著さと、一目で認められるほど良い広がりのW字形は、古くから人々の目をひき幾つかの和名を生んでいる。

その中の一つに宮城県の泉市根白石（現・仙台市泉区根白石）に残っていた〝イカリボシ〟（錨星）の名がある。W字形の星並びを船で使う〈錨〉の形に見立てたこの名は、元々静岡・香川方面の海村で使われていたものであるが、興味深いのは、この名が〈錨〉を使うはずもない山村の地に残っていたことである。

和名の性格（生活に密着）を思えば、〝イカリボシ〟の名は根白石の地で誕生したとするよりも、遠隔の海村から伝えられ、それが定着したものと考えるのが自然であろう。

民間伝承には距離の垣根などなんの妨げにもならないのである。

北を指し示す「イカリボシ」(撮影・佐藤孝悦)

カシオペヤ座
ε（イプシロン）星
δ（デルタ）星
γ（ガンマ）星
α（アルファ）星
β（ベータ）星
北極星

# 三角星（サンカクボシ）

## 懸命に「夜割り」

「五十年も前になるがな。秋口になると、納屋で千歯こき（稲こきに使う農機具）やひき臼《うす》回しの夜割り（夜なべ仕事）をするんだが、もちろん時計もながった時代だがら、代わりにおほっさま（お星様）を見だもんだ。もうサンダイショ（オリオン座の三つ星）が昇ったがら一休みだどが、あんだげサンダイショが高くなった。随分頑張ったもんだどが。夜割りに星は欠かせながった」

昭和六十二年二月に亘理町を訪ねた折、阿部新次郎氏夫妻が語ってくれたものである。秋の夜長、満天の星々に抱かれる村の納屋。そこで行われる夜なべ仕事。その情景が浮かんでくる素晴らしい話である。

前記の話とうり二つの話が、山形県越戸のマタギ（猟人）の話として『日本星名辞典』（野尻抱影著）に紹介されている。

「稲こきと石臼ひきは、秋の収穫時と雪の降りる直前までの女の夜なべ仕事である。時計のな

仙台市天文台のプラネタリウムでの「アンドロメダ座とさんかく座」

いころは、サンカクボシ（三角星）の位置で時刻の見当をつけた。サンカクサマ（三角様）がお入りになるので、もう仕事を休もうなどといった」

時刻の目当てに使う星は違っていても、当時の宮城と山形の地には、澄んだ夜空に輝く星々の光と動きに時を求め、全く同様の作業に精を出す人々がいたのである。

秋も半ばのころ、星空を見上げると、頭上に高く懸かる四辺形の星並びに気付く。それは星空に開かれた窓枠のようにも見えている。明るさのそろった四個の星から成っており、誰の目にも容易に認められる。これが天馬をかたどった〈ペガスス座〉の星々である。その北東には〈アンドロメダ座〉の星が弓なりに並んで優雅な曲線を描いている。

二つの星座の星々をつなぐと、あの有名な〈北斗七星〉よりも大きな柄杓形が出来上がる。その柄杓の柄の下に、小さくまとまった二等辺三角形の星並びがある。これが形通りの名を持つ〈さんかく座〉で、誰がどう見ても三角の形に結びたくなるほどの鮮やかさである。ぜひ本当の星空で確かめて頂きたい。

さて、山形県に伝わる和名の〝サンカクボシ・サンカクサマ〟であるが、その名が指す星々が〈さんかく座〉星並びなのである。

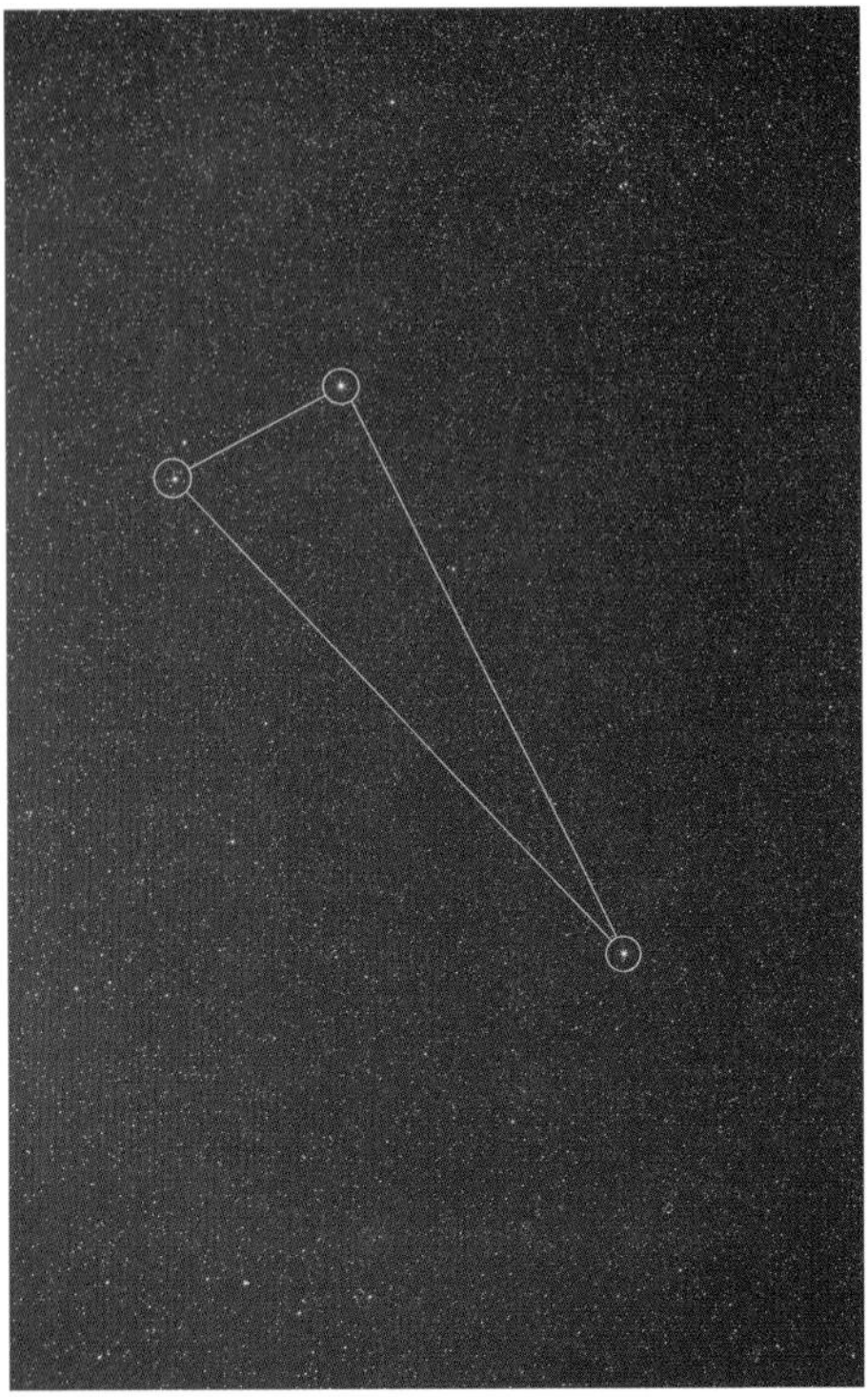

さんかく座（撮影・佐藤孝悦）

# お草の睨み（オクサノニラミ）

## カペラに訂正

「東の方を見ていると、先ずオクサ（お草・おうし座プレアデス星団）が昇って来る。そのすぐ後（時間的に）にオクサノニラミ（お草の睨《にら》み・おうし座ヒアデス星団中の輝星アルデバラン）が光り出すんだ。しばらくすると、ちょうど良い明るさの星が三つ並んだムヅラ（オリオン座の三つ星・サンダイショウ）が東から真すぐに出て来る。またしばらくしてからムヅラノアドボシ（おおいぬ座のシリウス）も顔を出す…」

牡鹿町泊浜（現・石巻市泊浜）の漁師、平塚薫氏が語ってくれたイカ釣りの役星（時刻や方位測知の目当てとした星）の話である。（先に「お草の睨み・三連」として紹介）

その後、確認の意味も含めて当地を訪ね、再び氏の話を伺ったところ、私の記録に誤りのあることが判明した。オクサとオクサノニラミの昇り順が逆だったのである。こうなると、オクサノニラミはアルデバランではあり得ない。アルデバランがプレアデス星団より前に昇ることは絶対にないのである。

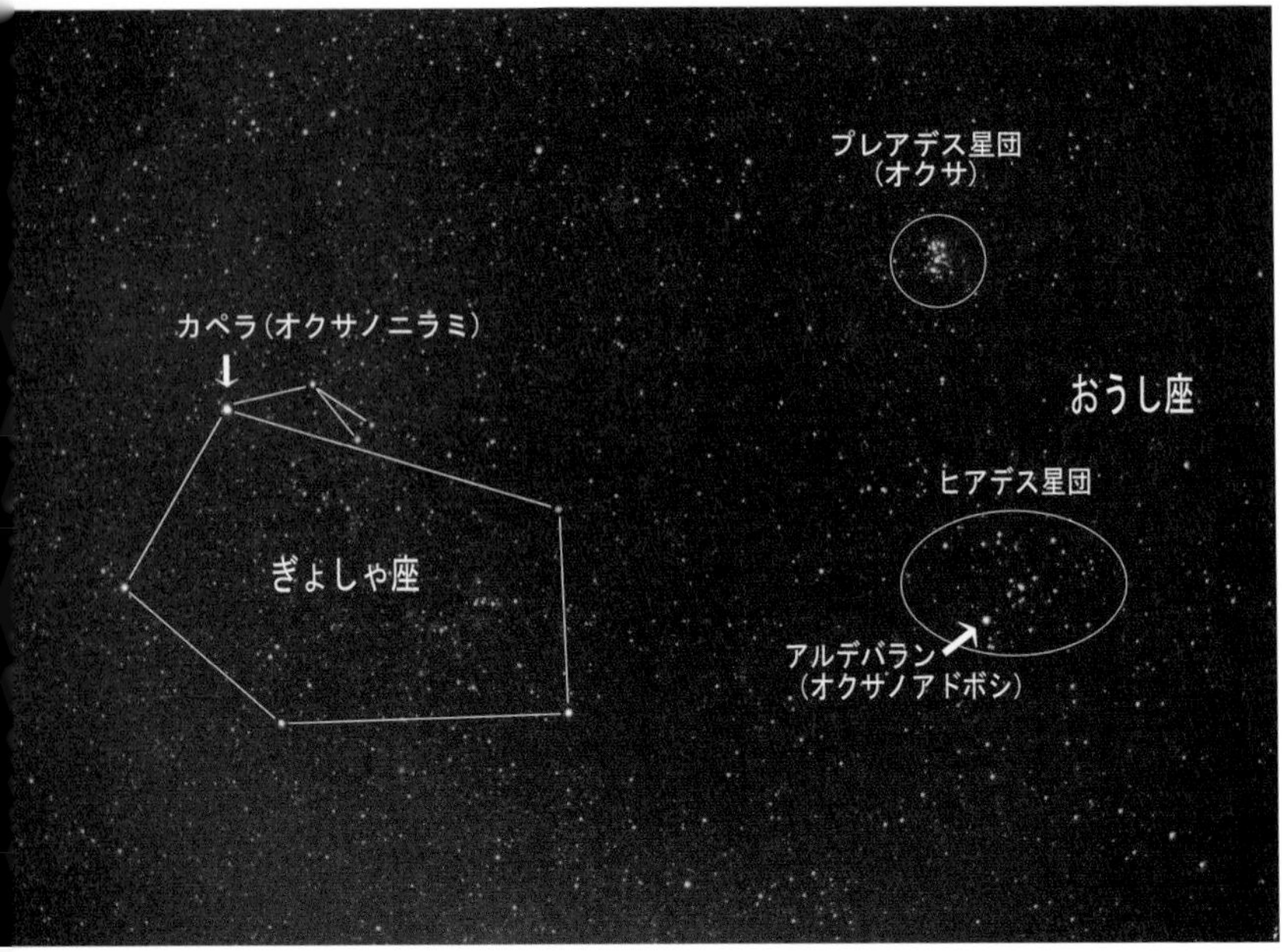

東の空に相次いで昇るイカ釣りの役星（撮影・著者）

先の〈オクサノニラミ〉＝〈アルデバラン〉の同定報告は、おわびとともに訂正させて頂く。

さて、オクサの少し前に昇り、それを睨むかのように輝く明るい星がオクサノニラミとなり得る条件である。

写真を参照して頂きたい。左下方に一等星が認められる。この星がぎょしゃ座の主星カペラである。肉眼では分からないが、このカペラに大望遠鏡を向けて見ると、接近した二個の一等星から成っていることが分かる。しかも、お互いが共通の重心の周りを周り合う〈連星〉なのである。

カペラは全天第五位の明るさを持ち、一等星としては最も北寄りの天空に位置している。それが故に地平線下に姿を消す時間もごくわずかで、時刻を限らなければ、ほぼいつの季節であっても見ることが可能である。写真ではプレアデス星団より若干下方に見えているカペラであるが、計算によれば、プレアデス星団より二十分ほど早く昇ることが分かる。

明るい星の少ない北寄りの空にあって、カペラの放つ黄白色の輝きは実に鮮やかで印象的である。オクサの少し前に昇り、イカ釣りの役星として見られていたのは、ぎょしゃ座のカペラと思われる。

青森県下北地方では、スバル（プレアデス星団）ノサキボシ（カペラ）はスバルの二十分前に昇るとの伝承が残っている。

# 更け星（ホケジョウ）

## 晩秋の一番星

紅葉の山々をさらに赤く染めながら日が沈む。「秋の日は釣瓶《つるべ》落とし」とは良く言ったもので、西空の夕焼け色が次第に消え掛かるころ、東の空は既に明るさを失っている。その東の空低くに目を向けると、どっしりと落ち着いた光を放つ星が認められる。この星が晩秋の今（昭和六十二年十月下旬）、一番星として輝き出す〈木星〉である。

太陽から離れることほぼ七億八千万キロメートルのかなた、太陽系最大の惑星木星の軌道がある。木星はこの軌道上を十二年の周期で公転している。軌道は地球よりさらに外側に位置しており、金星〈地球の内側の軌道〉などと違い、木星と地球軌道の関係から、宵の西空、夜更けの中天、あるいは夜明けの東空といった具合に、見える時刻も位置も広範にわたる。

その輝きは平均マイナス二等（一等星の十六倍の光量）という素晴らしさである。〈夜中の明星〉あるいは〈夜更けの明星〉と呼ばれる由縁がここにある。

歌津町（現・南三陸町）の教育委員会の協力を頂き、〈宮城県における星の方言調査〉のアン

夜更けの空に輝く「木星」（撮影・佐藤孝悦）

ケート調査を行ったところ、木星に対する不思議な和名を採取することができた。〝ホケジョウ〟という名がそれである。

　調査表に記されたこの名を見たときは、どの星を指しているのか全く見当もつかなかった。その後、記入者である金野忠男氏（六十七歳・歌津町字中山）との電話連絡で、氏は自分が小学生のころに聞いたという「宵の明星　夜中にホケジョウ　暁ほうじょう」なる一節を語ってくれた。氏の話を総合して、ホケジョウの名を考えると、夜更け（フケ）に見られる明星（ジョウ）の意味が浮かぶ。その短縮形がフケジョウとなる。夜中に輝き、しかもその明るさが明星（金星）に匹敵する星となれば、それは木星をおいて他にない。

　フケジョウという不思議な和名は、その伝承過程において、明星を明神と呼ぶ神格化の風習と法華（ホケ）経などの念仏思想が絡み合い、いつしかホケジョウになったと推定される。ちなみに、氏の話に登場する宵の明星の金星は、今の時期（十月下旬）は日没時の高度が一〇度弱と低く目に付きにくい。宵の西空に一番星として目立つようになるのは十一月以後となる。

# 燈明星（トウミョウボシ）

## 宵の西空を北上

「明和七年六月十六日　亥《い》の方に〈とうみょう星〉出る　暮れ六ツ廻り其《その》形めうぞう星に似たり　光り赤くしてろうそくの火のごとくひらひらとして　きゆる模様もあり　又ふとくとぶる時もあり　其星早くとび　日天の色きゆる時分に其星西え入る」

『元和元年ヨリ歳之吉凶留帳』（阿部彰晤・編著）に残された観測記録である。

要約すれば、「西暦一七七〇年七月八日午後六時過ぎ、北西に金星（明星《めうぞう》）のような星が出現した。その輝きは赤くろうそく（燈明《とうみょう》）の灯のように揺らいで見え、薄明が終わるころに西の地平線に沈んだ」となる。

〈とうみょう星〉の名が指すのは、いかなる天体なのであろうか。コンピューターにデータを入れ込み当時の星空を再現。さらに「彗星《すいせい》軌道要素集」から該当年代に出現した幾つかの彗星を選び出し計算を進め、〈とうめう星〉出現時の季節・方角・時刻・移動経路などの詳細を検討（同定の過程はスペースの都合上割愛させて頂く）すると、果たせるかな完全に符合する彗星が

地球に最接近した「百武彗星（1996年）」（撮影・著者）

あったのである。しかも、その彗星は明るく大きな頭部に短い尾を有していた。まさに〈燈明〉、つまり、ともるろうそくの姿そのものだったと推定できる。

先の文献には、彗星の和名として〈ハキボシ（箒星）〉〈ハタグモ（旗雲）〉〈ナギナタボシ（長刀星）〉〈ホシケン（星剣）〉〈チョウセイ（長星）〉の記載がある。全て彗星の形態からの命名である。

同一地域（迫町佐沼界隈＝現・登米市）において、一種の天体にこれほど多くの呼び名を付けたと言うことは、その時々に出現した彗星の形態を鋭く観察したからに他ならない。事実、彗星という天体はその軌道条件で驚くほどの形態変化を見せてくれる。

写真を参照して頂きたい。アマチュア天文家百武祐司氏が平成八年に発見した彗星である。この彗星は過去二百年の間、最も地球に接近し、これまで観測されたどの彗星よりも長大な尾をたなびかせたことで有名である。その実長は五億七千万キロメートルにも達していた。ちなみに、太陽・地球間の距離が一億五千万キロであることを申し添えておく。

この写真の撮影中は、あまりの迫力と神秘的な姿にただただ感動し、身震いが止まらなかったことを覚えている。

## サケの昇りに

# 六連（ムヅラ・ムヅナ・ムジナ）

「秋もだいぶ遅ぐなって来たころのことだな、明げ方近ぐになったら海の方を見るわけさ。ちゃっこい（小さな）星がごちゃごちゃ集まってでるのが見える。よぐ見ると六つ位の星がかだまって見えるがら〝ムヅボシ〟（六星）どが〝ムヅラ〟（六連）とが呼んでだもんだ。ムヅボシが海面から一時間ほどの高さ（約一五度）に昇る時分になると、この川（阿武隈川）に鮭《さけ》が帰って来るんだ。それはそれは見事なもんだった。続いて昇って来る〝サンダイショ〟（オリオン座の三つ星）がきっちり見えるころになれば、鮭昇りの節も終わりと言うことだ」

昭和五十五年一月十二日。亘理町荒浜の漁師、木村国男氏から伺った話である。巡る星空から季節の移ろいを読み取り、漁期の到来を測知したことを示す素晴らしい話である。氏の話にある〈ムヅボシ・ムヅラ〉の和名が指す天体は、おうし座のプレアデス星団（スバル）である。

歌津町（現・南三陸町歌津）とその周辺地域で言われている和名に〈ムツナ・ムヅラ・ムヅナ・ムジナボシ〉がある。同町教育委員会の協力を頂いて行った〈宮城県における星の方言調

オリオン座の「三つ星と小三つ星」（撮影・佐藤孝悦）

査〉の調査用紙に記載されていたものである。

当初この名は亘理町荒浜で言われる〈ムヅラ〉と同様にプレアデス星団の和名であり、〈ムヅナ〉あるいは〈ムジナ〉はその転訛《てんか》名であろうと推測していた。その後、確認のため何度か当地に出向き、記載者からの聞き取り調査を行い、持参した天体写真を見て頂きながら同定を行ったところ、当地で言われる〈ムヅラ〉はプレアデス星団を指しているものではなく、オリオン座の三つ星と小三つ星を合わせて〈六連星〉と見立てたものであり、このような見方は、イカ釣りに従事する漁師さんたちの間で広く行われていることが判明したのである。

もちろん、プレアデス星団を指す〈ムヅラ〉の名も当地には残っているのである。全く同様の発音でありながら、指している星並びが違っていたのである。

それならば、歌津町の漁師さんたちは、イカ釣りの役星（季節・方位・時刻の測知に使った星）としたプレアデス星団を一体何と呼んでいたのであろうか。

# ザク・ザクボシ

## 魚は山で獲る

私は〈星の和名〉を採取するため宮城県内各地を歩き回っている。埋もれたままの星の名はないものだろうか。この一念から、見ず知らずの町を訪れ、非礼を承知で玄関前に立ち、声をかける。突然尋ねられた方にしてみれば不審に思うのは当然のことである。訪問販売のセールスマンと思われ門前払いされる。また次のお宅へ向かう。こんなことの繰り返しを続けて十数年もたった。もちろん、追い払われるばかりではない。心暖まる歓待を受けたことも数多いのである。

「昔の漁師は、魚は山で獲《と》ると言ってたもんです」

昭和六十二年十月十五日。歌津町字馬場（現・南三陸町歌津馬場）の漁師、佐々木石男氏より伺った話である。氏は、突然訪問した私を茶の間に迎え入れ、実に穏やかな調子で語ってくれた。

何の目印もない海上に船を進め、目指す漁種の漁場を探り出す。その漁場の測知方が〈山測り〉である。船上から沿岸を眺め、適度に離れて位置する山々の峰などを目標として定め、それぞれの目標物から方位角通りの線を引き、それぞれの線の交点を求めて自船位置を決定する。これら一連の作業は、全て〈勘と経験〉を頼りに瞬時に行われるのである。

貴重な漁場へ導いてくれるのが〈山〉であり、その地形を完全に読み取り自船位置を知るのが〈山測り〉である。ここから「魚は山で獲る」の格言が誕生したのである。佐々木氏はさらに話を続け、当時、イカ釣りの際に、時刻や方位測知に使用した星の名を次々に語ってくれた。

「イカ釣りは九月ごろから冬至のころまでやってたもんです。イカの釣り時は星で見たもんですよ。船から東の空を見てると、まず〈ザクノサギボシ〉が出てくる。その次に〈ザク〉が昇って来る。続いて〈ザクノアドボシ〉。しばらくして〈ムヅラノサギボシ〉、その後に真東の方から〈ムヅラ〉が上がってくるんだね。イカ釣りはこの時が最高で、〈ムヅラノアドボシ〉が出るころには漁をやめて帰り支度

プレアデス星団
（ザク・ザクボシ）

イカ釣りの役星「ザク・ザクボシ」(撮影・著者)

さ」

佐々木氏の話してくれた〈ザク〉こそが、歌津町近辺の漁師さんたちの間で言われるプレアデス星団(おうし座)の和名なのである。その同定(他の名も含めて)の報告は次に譲りたい。

## 六連の先星（ムヅラノサギボシ）

### イカの釣り時

「イカの釣り時は星で見たもんですよ。船から東の空を見てると、まずザクノサギボシが出てくる。その次にザクボシが昇って来る。続いてザクノアドボシ。しばらくしてムヅラノサギボシ（オリオン座のベテルギュウス）。その後に真東の方からムヅラが上がって来るんだね。イカ釣りはこの時が最高で、ムヅラノアドボシが出るころには漁をやめて帰り支度さ…」

歌津町（現・南三陸町歌津）の漁師、佐々木石男氏から伺った話であるが、この中には六種もの星の和名が登場している。佐々木氏の話によれば〈ザクボシ〉は、小さな星がゴチャゴチャ集まっていると言う。持参したプレアデス星団（スバル）の写真を見て頂いたところ、これが〈ザクボシ〉に間違いないと言う。しかし、いかなる字を〈ザク〉に当てるのかは分からないとのことであった。

〈筰〉の字を考えてみたが、その字義は【せまい・せまし　えびら（竹製の矢を入れる道具）】とあるが、群れて輝く〈ザクボシ〉の雰囲気には程遠い。ちなみに「広辞苑」をみると【ざく・

イカ釣りの目当てとなる「ザクノサキボシ・ザクノアドボシ」
（撮影・佐藤孝悦）

ざく　小さい物が密集しているさま】とある。〈ザクボシ〉の語源はこの辺りにあるのではと思われる。

さて、その他の名が指す星や星並びが、どの星座の何と言う星であるかの同定であるが、次の話を思い出して頂きたい（本書の「オクサノニラミ＝お草の睨《にら》み」で紹介）。

「東の方を見ていると、まずオクサノニラミ（お草の睨み・ぎょしゃ座の輝星カペラ）が光り出すんだ。そのすぐ後（時間的に）にオクサ（お草・おうし座プレアデス星団）が昇って来る。しばらくすると、ちょうど良い明るさの星が三つ並んだムヅラ（オリオン座の三つ星・サンダイショウ）が東から真っすぐに出て来る。またしばらくしてからムヅラノアドボシ（おおいぬ座のシリウス・全天第一の輝星）も顔を出す。…時計もなかった時代だから、星を知らねばイカ釣りの船頭はできないわけさ」

牡鹿町泊浜（現・石巻市泊浜）の漁師、平塚薫氏が語ってくれたイカ釣りの役星（時刻や方位測知の目当てとした星）の話である。歌津町と牡鹿町、呼び名は違っていても、指している星や星並びは、それを見る季節・時刻・方位を考慮すれば、明らかに同じものである。

# 二つ星（フタツボシ）

## タラ漁を告げる

夜空には実に多くの星々が輝いている。そんな星空にあって、〈二つ星〉と呼べるような一対の星並びは、それこそ幾らでも見られそうに思う。しかし、実際の星空に目を向けて探しても、それらしい星並びは意外に少ない。一対として見るには、一目で見られるほど良い間隔もさることながら、両星の明るさがそろっていることが不可欠なのである。

「冬場はマダラ漁に出るわけだが、その節は星で測ったもんでした。高台に立って、海鳴りの音を聞きながら星の出を待つわけですね。タメシ（試し＝季節・時刻・方位の測知を言う）の星が見えて来る。そのタメシ星が、あらかじめ自分で決めていた目印、例えば、あの木のあそこにやって来たから、漁場にも魚が回って来るころだ。という具合に星を使っていたもんです。これがまたぴったり当たるんだ。私ら漁師は星が頼りの人生を送っていたもんですよ。マダラは冬至のころから寒中（小寒から大寒の中ごろ）あたりまで刺し網で獲るんだが、午前四時ごろヨッボシ（からす座の四星）が真南に見える時季が最盛期で、明け方にフタツボシが西山へ入るころに

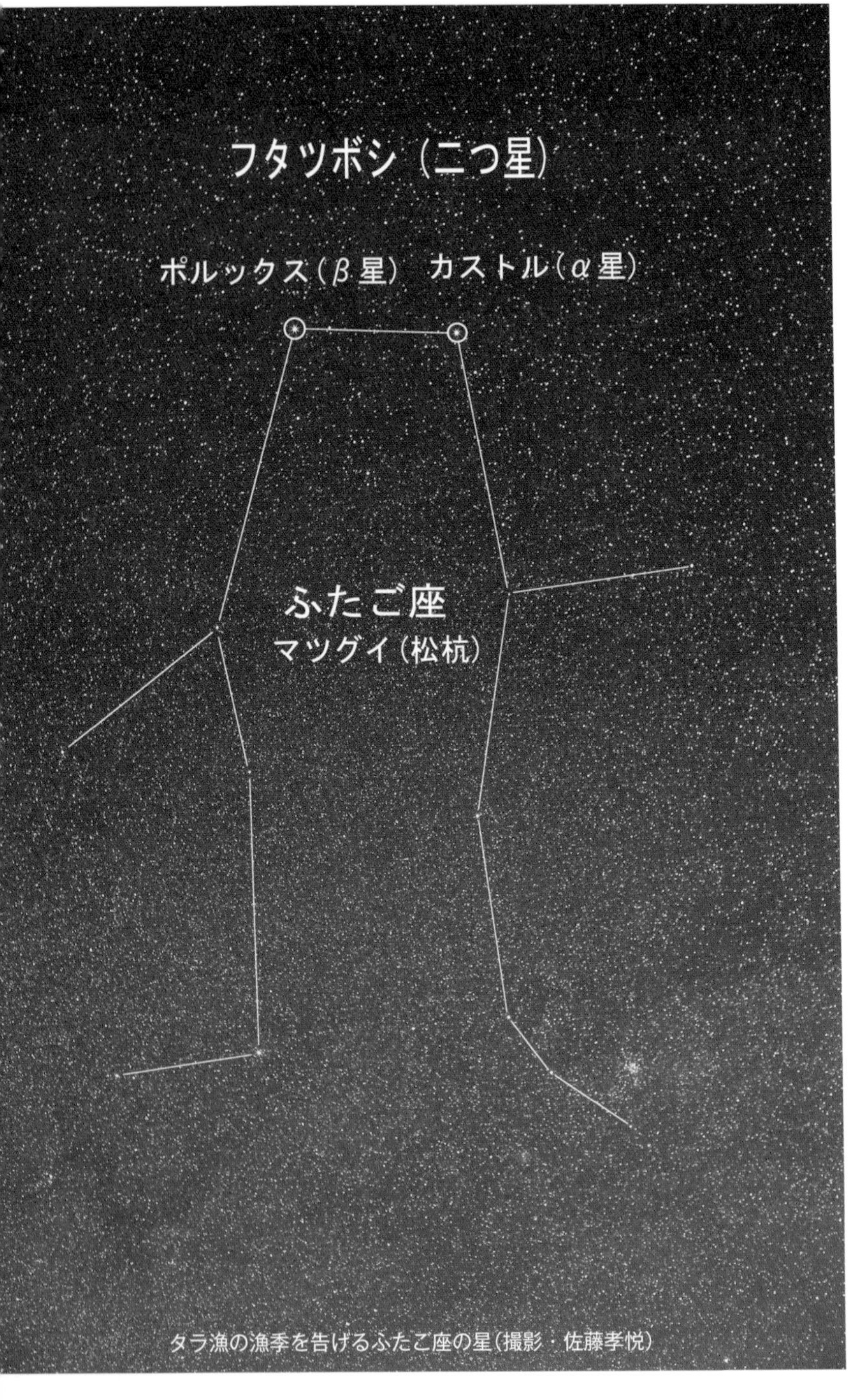


タラ漁の漁季を告げるふたご座の星（撮影・佐藤孝悦）

なると、漁期も終わりなんですね」
歌津町北の沢（現・南三陸町歌津北の沢）の漁師、及川清太郎氏より伺った話である。
数多い星々の中に自分なりの目印を設定し、その巡りに季節を読み取り、漁期の到来を知る。長年にわたる鋭い観察なくしてできることではない。漁師さんの観察眼の確かさには、ただただ驚くばかりである。

初冬の夜、北東の地平線に目をやると、縦位置に並んだ二つの明るい星が目につく。ふたご座のα《アルファ》星（カストル）とβ《ベータ》星（ポルックス）である。ふたご座全体（写真参照）の星並びを指す和名として、亘理町荒浜に伝わる〈マツグイ（松杭）〉の名は既に報告の通りである（本書の「マツグイ・サンカク＝松杭・三角」で紹介）。

及川氏の話に登場する〈フタツボシ（二つ星）〉は、ふたご座の軸となる両星を一対と見た和名なのである。さて、一対と見られる両星の明るさであるが、α星の一・六等に対して、β星が一・二等、とほぼ同等の光を放っている。その間隔（約五度）も程良く、誰の目をしても一対と感じさせてくれる。ぜひ本当の空で確かめて頂きたい。

# 落ち星・走り星（オチボシ・ハシリボシ）

## 突然現れ消失

月のない晴れた夜、一時間ぐらい星空を眺めていると、十個ほどの流星を認めることができる。肉眼で見える程度の明るさを有する流星は、地球全体として考えれば、二十四時間で二千五百万個にも達する。しかしながら、それがいつ、どこに出現するのか全く予測できない。

このように突発的に出現する流星は〈散在流星〉と呼ばれている。これに対し、短時間のうちに、数十から数百（まれには数十万）個の流星が、星空の一点から放射状に飛び出して来ることもある。

〈群流星〉と言われるもので、飛び出す位置（輻射点）のある星座名を取って、〈ペルセウス座流星群〉とか〈ふたご座流星群〉などと命名されている。

さて、今までに一度として流星を見たことがない、と言う方がおられたなら、今夜（十二月中旬）にでも星空を見上げて頂きたい。なぜなら、〈ふたご座流星群〉の活動時期だからである。

毎年十二月十三日ごろを頂点として出現するこの流星群は、一時間の平均出現個数が六十個と多

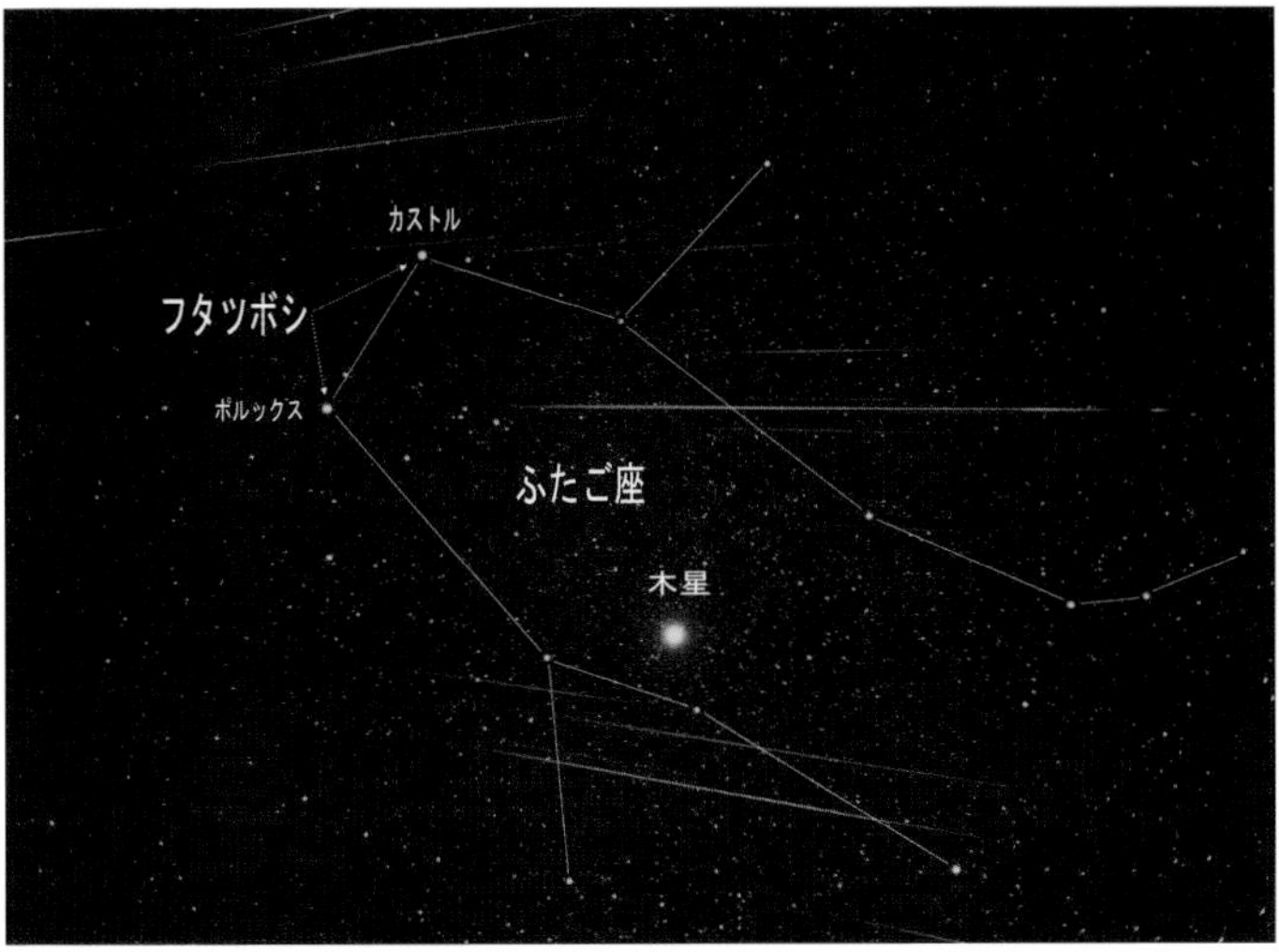


ふたご座流星群の目印「二つ星」(撮影・牛坂一洋)

く、しかも明るい流星がほとんどである。その出現位置（輻射点）は、前項で報告した〈フタツボシ（ふたご座の$\alpha$星と$\beta$星）〉の付近である。

この時期のふたご座は一晩中見えているので、流星群の観測もまた、一晩中可能となる。初冬とはいえ、夜間はかなりの寒さである。防寒には十分留意して観測して頂きたい。

〈オチボシ（落ち星）〉
〈ニゲボシ（逃げ星）〉
〈ハシリボシ（走り星）〉

歌津町（現・南三陸町歌津）とその近辺から採取した流星の和名である。星空の一角に突然現れ、瞬時にして消え去る流星。その現象としての状況を、そのまま呼び名としたものである。夜空に輝く星そのものが流れ動く、と見ていた当時の人々の考えが伺える。

「流れ星を見たら、それが消えぬ間に願い事を三度唱えると、願い事がかなう」。良く耳にする話ではある。この伝承の線上にある流星の和名が
〈ネガイボシ（願い星・矢本町＝現・東松島市）〉

〈ネガイゴトボシ（願い事星・歌津町＝現・南三陸町歌津）〉

である。この名からは、流星現象に、はかない願望を込め星空を仰いだであろう人々の、素朴で温かい心根を感じ取ることができる。

# 流し網の船尾師星〈ナガシアミノトモシボシ〉

## 港に戻る船を祝福

最近（昭和六十二年十二月）、夕刻になると、決まって天文台の電話が鳴りだす。「物すごい明るさの星が西の空に輝いています。あんなに明るい星は、今までは見えなかったと思うのですが。何と言う星なのでしょうか」

師走に入って、問い合わせの電話はさらに多くなっている。と言うことは、その星が誰の目にも留まるほど、見やすくなってきたことの証しでもある。

明るく輝く星の正体は〈金星〉である。金星は昨年（昭和六十一年）の十一月四日から今年八月二十日ごろまで、明けの明星として輝いていた。その後宵の西空に移ったのであるが、日没時の高度が極端に低く、観望には適さなかった。しかし、これからは急激に日没時高度（約二〇度）を上げる。〈宵の明星〉としての輝きが、ほぼ一年ぶりに宵の西空に戻って来たのである。

気仙沼市役所市史編纂室の川島秀一氏より、宵の空に輝く金星の和名として〈ナガシアミノトモシボシ〉と〈カメドリボシ〉の報告を頂いた。

宵の明星（金星）
ナガシアミノトモシボシ

宵の明星「金星」(撮影・十河弘)

早速、川島氏を訪ねて話を伺った。まず〈ナガシアミノトモシボシ〉であるが、氏の話によれば、この名は唐桑町（現・気仙沼市）の漁師、浜田徳之氏から伺った名であるという。流し網漁の際、金星を時刻測知に使用し、その輝きが山陰に消え去るまで漁を続ける。漁の責任者はもちろん船頭である。船頭が立つ位置は、舵取《かじと》りの関係から船の後部、つまり、船尾（トモ）となる。〈トモシ〉は〈船尾師〉であり、船頭のことを指している。その船頭が、鋭い視線を向けていた星が〈流し網の船尾師星〉なのである。

さて、川島氏の採取になるもう一つの名〈カメドリボシ〉であるが、この名は気仙沼市小々汐の漁師、尾形栄七氏が語ってくれたものと言う。

船には幾つかの船倉がある。当地の漁師は船倉のことを〈カメ〉と呼び、その〈カメ〉が魚で一杯になるほどの大漁を〈カメドリ〉と称している。まばゆいばかりの金星の輝きに、大漁の願いが込められて誕生した名、それが〈カメドリボシ〉なのである。

漁を終えて夕暮れの港に戻る船。その船倉は魚であふれている。舵取る漁師の行く手に、まるで大漁を祝福するかのような金星の輝き。〈ナガシアミノトモシボシ〉〈カメドリボシ〉の名には、和船時代の、漁師と星の深い関わりが感じ取れる。

# 四三の星

（シゾウ・シゾウノホシ）

## 漁民の腕時計

北極星を捜し出すための手だてとされる北斗七星。その柄杓《ひしゃく》形の星並びは、春から夏にかけては北の空高い位置にかかり、誰の目をも捉えていた。

しかしながら、今の季節（十二月中旬ごろ）、星空に北斗七星の姿を見いだすのはかなり難しい。人々が星空に目を向けるであろう宵から夜半にかけて、その高度はあまりにも低過ぎる（写真参照。十二月の夕刻時、地平線ぎりぎりにかかる北斗七星）。

もちろん、一晩中空を見上げていれば話は別である。なぜなら、宮城の地（緯度約三十八度として）にあっては、柄杓の柄先《え》の星を除けば、北斗の星々は地平線下に隠れることはない。

晴れてさえいれば、星空のどこかに必ず見えているのである。北斗の柄杓形が、漁労に従事する人々の暦、あるいは時計代わりとなり得るのはこの性質が故なのである。

ちなみに、沈むことなく空にある星々を〈周極星〉と言うが、その範囲は、観察者の立つ緯度によって決まる。例えば、北極点（緯度九十度）に立って星空を見上げたとすれば、北極星から

北の地平線にかかる「北斗七星」(撮影・佐藤孝悦)

角度で九十度の範囲内に位置する星、つまり、全天の星が〈周極星〉となり、沈む星が無くなる。

赤道上ではどうであろう。緯度は当然、〇度であるから、夜空に光る全ての星が沈むこととなる。

さて、北斗七星の和名であるが、紀州の大島にて言われる和名に〈シソウノホシ（四三の星）〉がある。柄杓形の星並びを、杓にあたる四星と柄となる三星に分け、二つのサイコロの目が、四と三を表していると見立てたものである。この名は、主に和歌山や瀬戸内の海村に伝えられており、全国的な伝承はされていない（と思われていた）。

ところがである。気仙沼市市史編纂《へんさん》室の川島秀一氏より、唐桑町鮪立《しびたち》（現・気仙沼市唐桑町鮪立・浜田徳之氏）にて言われる北斗七星の和名として〈シヅウ〉の名を報告頂いたのである。

〈シソウ〉と〈シヅウ〉、発音こそ違え明らかに同じ語意（四・三）である。和歌山や瀬戸内で言われる〈シソウ〉の名が、かくも隔たった三陸の漁村唐桑町鮪立に伝えられているのである。距離の垣根を飛び越える〈民間伝承〉の確かさを感ぜずにはいられない。和歌山・瀬戸内から唐桑へ、〈シヅウノホシ〉の伝承過程は「カシキナカセ（炊夫泣かせ）にて明らかにしたい。

# 炊夫泣かせ（カシキナカセ）

## 紀州から伝わる

紀伊半島の突端に位置する潮岬。そのすぐ東に浮かぶ島が〈紀州大島〉である。〈北斗七星〉の和名として〈シゾウノホシ（四三の星）〉を伝えるこの島では、古くから、〈明けの明星〉のことを〈カシキナカシ〉と呼んでいる。

漁師に夜明けを告げるこの星が、白みかけようとする水平線上に輝き出すころ。炊事の当番である年少のカシキ（炊夫）がたたき起こされる。カシキは眠い目をこすりながら明星の輝きを眺め時を知り、泣き泣き朝食の準備に取り掛かる。この様子を名としたのが〈カシキナカシ（炊夫泣かし）〉である。

この愉快な和名からは、和船時代の、浜や船上の光景を感じ取ることが出来る。

〈シゾウ（四三）〉の名が、唐桑町（現・気仙沼市唐桑町鮪立《しびたち》）にて言われる〈北斗七星〉の和名であることは、既に前項で報告の通りである。その鮪立に、何と紀州大島で言われるものと全く同様の和名〈カシキナカセ（炊夫泣かせ）〉の名が伝えられていたのである。

夜明けを告げて輝く「金星」（撮影・十河弘）

このことは、気仙沼市市史編纂《へんさん》室の川島秀一氏より報告して頂いた。同氏からは、鮪立の漁師浜田徳之氏からの聞き取り調査の結果を載せた雑誌「漁村」も送って頂いた。川島氏の筆になるその稿（漁村と伝承）の冒頭に、鮪立の紹介として次の記載がある。

「…鮪立は気仙沼湾の東岸に浮かぶ静かな入り江である。…この漁村に紀州の鰹溜釣《かつためづり》法が伝わったのは近世中期の延宝三年（一六七五年）のことである。以来、大正初めの動力船の導入を通じ、現在の遠洋漁業の村に化するまで、主に鰹《かつお》漁を中心として栄えた浜であった」

星の和名採取において、その伝承をたどるのはかなり難しい。呼び名として残ってはいるが、それが持つ意味が失われ、なぜそのように呼ぶのかさえ定かでない場合が多いのである。それ故に、川島氏の文章に接した時の驚きと喜びは大変なものであった。なぜなら、〈シゾウ〉と〈カシキナカセ〉の名の伝承過程が、実に明快に浮かび上がってきたからである。

〈鰹溜釣法〉がいかなる漁法かは別にして、二つの和名は、その漁法の導入とともに、紀州の漁師の口から、かくも離れたわがふるさと宮城・唐桑の地（鮪立）に伝えられたのである。

# 郷土（宮城県）に伝わる星の和名一覧

（採取・昭和四十五年～現在）

オリオン座

ベテルギユウス（オリオンα《アルファ》星）
『キタワキボシ（北脇星）』……唐桑町字中井（現・気仙沼市唐桑町中井）
リゲル（オリオンβ《ベータ》星）
『ミナミワキボシ（南脇星）』……唐桑町字中井（現・気仙沼市唐桑町中井）
ベラトリックス（オリオンγ《ガンマ》星）
『ムヅラノサキボシ（六連の先星）』…歌津町（現・南三陸町歌津）／唐桑町（現・気仙沼市唐桑町）

三つ星

『ミツボシ（三つ星）』……宮城県内各地
『ミツボシサマ（三つ星様）』……歌津町字桝沢（現・南三陸町歌津桝沢）
『ミボシ（三星）』……気仙沼市
『ミジラ（三連）』……歌津町（現・南三陸町歌津）
『ミツナ（三連）』……気仙沼市
『ミツラボシ（三連星）』……歌津町（現・南三陸町歌津）

『ミヅラボシ（三連星）』……………歌津町草本沢（現・南三陸町歌津草本沢）
『ミツボシオヤコ（三つ星親子）』……一迫町（現・栗原市一迫町）
『ミツゴボシ（三つ子星）』…………気仙沼市中港
『オヤコミツボシ（親子三つ星）』……気仙沼市松川
『オヤコボシ（親子星）』……………塩釜市舟入／歌津町（現・南三陸町歌津）
『オヤボシ・コボシ（親星・子星）』…亘理町荒浜
『キョウダイボシ（兄弟星）』…………女川町
『サンダイショ（三大星）』…………宮城県内全域
『サンダイショウ（三大星）』………宮城県内全域
『サンダイボシ（三大・星）』………歌津町森畑（現・南三陸町歌津森畑）
『サンダイショウ（三大星）の
　イチバンボシ（一番星＝オリオンδ《デルタ》星・ミンタカ）
　ニバンボシ（二番星＝オリオンε《イプシロン》星・アルニラム）
　サンバンボシ（三番星＝オリオンζ《ゼータ》星・アルニタク）』歌津町字港（現・南三陸町歌津港）
『サンダイショサマ（三大星様）』……塩釜市舟入
『サンデーショ（三大星）』……………仙台市若林区荒浜

『サンダイショボシ（三大星・星）』……歌津町（現・南三陸町歌津）
『サンデーショサマ（三大星様）』……宮城町愛子各地（現・仙台市青葉区愛子）
『サンダイサマ（三大様）』……………利府町
『サンダイス（三大師）』………………仙台市若林区六郷
『サンダイセイ（三大星）』……………歌津町字中山（現・南三陸町歌津中山）
『サンダイスサマ（三大師様）』………宮城町芋沢字畑前（現・仙台市青葉区芋沢畑前）
『サンダイシ（三大師）』………………仙台市各地
『サンダイシサマ（三大師様）』………仙台市各地
『サンダイショウグン（三大将軍）』…仙台市青葉区愛子・気仙沼市
『サンダイミョウジン（三大明神）』…矢本町（現・東松島市矢本）
『フユショウグン（冬将軍）』…………歌津町館浜（現・南三陸町歌津舘浜）
『サンコウ（三光）』……………………雄勝町水浜（現・石巻市雄勝町水浜）
『イボシ（イ星）』………………………気仙沼市字外畑（現・気仙沼市外畑）
『カラスキボシ（唐鍬星）』……………気仙沼市字赤岩五駄鱈（現・気仙沼市赤岩五駄鱈）
『コガラシボシ（木枯し星）』…………気仙沼市字赤岩五駄鱈（現・気仙沼市赤岩五駄鱈）
『タマノオビ（玉の帯）』………………気仙沼市田谷

『カセ・ガセボシ』……………………気仙沼市金成沢・長岩間
※以後「三つ星・小三つ」を六連星と見立てた名であるが、いつしか「三つ星」だけでも以下の名で呼ぶようになったと推定される。
『ムヅラ（六連）』……………牡鹿町泊浜（現・石巻市泊浜）／歌津町（現・南三陸町歌津）各地
『ムツナ（六つ並）』……………歌津町（現・南三陸町歌津）近辺
『ムジラボシ』……………歌津町（現・南三陸町歌津）各地
『ムヅナ』……………………歌津町（現・南三陸町歌津）
『ムヅナボシ（六連星）』…………歌津町石浜（現・南三陸町歌津石浜）
『ムジナ』……………………歌津町字小長柴（現・南三陸町歌津小長柴）
※ムササビが羽根を広げて飛ぶ姿に似ているからとの注釈があったが、これははなはだ疑問であり、以下に列記の名称は〝六連星〟（ムヅラボシ）の伝播《でんぱ》・継承過程での転訛《てんか》と思われる。

小三つ星
三大将軍（三つ星）とその『ケライ（家来）小三つ星』……仙台市青葉区愛子

おおいぬ座

δ《デルタ》星（ウエズン）ε《イプシロン》星（アダーラ）η《イータ》星（アルドラ）の三星で描く三角形

『サンカク（三角）』……………亘理町荒浜／歌津町字馬場（現・南三陸町歌津馬場）／
気仙沼市各地

シリウス（おおいぬα星）
『ムヅラノアドボシ（三連（オリオン）の後星）』…牡鹿町泊浜（現・石巻市泊浜）／
歌津町（現・南三陸町歌津）
『アドムヅラ（後六連）』……………唐桑町荒谷前（現・気仙沼市唐桑町）
『アドボシ（後星）』…………………雄勝町水浜（現・石巻市雄勝町水浜）
『オオボシ（大星）』…………………亘理町荒浜／唐桑町（現・気仙沼市唐桑町）

## こいぬ座

『ミナミマツグイ（南松杭）』………唐桑町鮪立（現・気仙沼市唐桑町鮪立）

## ふたご座

カストル（α星）・ポルックス（β星）を含む星並び
『マツグイ（松杭）』…………………亘理町荒浜
『キタノマツグイ（北の松杭）』……唐桑町鮪立（現・気仙沼市唐桑町鮪立）

カストル（α星）・ポルックス（β星）
『フタツボシ（二つ星）』……………歌津町北の沢（現・南三陸町歌津北の沢）

## おうし座

プレアデス星団
『ムヅラ（六連星）』……………宮城県南各地
『ウンヅラ（六連星）』……………宮城県南各地
『ムヅボシ（六星）』……………雄勝町水浜（現・石巻市雄勝町水浜）
『ムジラボシ（六連星）』……………歌津町（現・南三陸町歌津）
『ナナヅラ（七連星）』……………気仙沼市長磯浜
『ナナツボシ（七つ星）』……………宮城町・定義山（現・仙台市青葉区大倉）
『オクサ』……………牡鹿町泊浜（現・石巻市泊浜）／雄勝町水浜（現・石巻市雄勝町水浜）
『モクサ』……………気仙沼市各地
『ムクサ』……………気仙沼市各地
『スバル』……………宮城県内各地

※『スバル』への当て字は「昴」が最も一般的であるが、古文書等には次の字が用いられていることもある。
〈須売〉〈統〉〈須麻流〉〈須八流〉〈須波流〉〈須夫流〉〈志婆流〉〈須婆留〉

『ミスマル（美須麻流）』……………歌津町字桝沢（現南三陸町歌津桝沢）
『ザク・ザクボシ』……………歌津町近辺（現・南三陸町歌津）
『ギャクボシ』……………歌津町（現・南三陸町歌津）
『ザルコボシ（笊こ星）』……………歌津町字中山（現・南三陸町歌津中山）
『ツバメボシ（燕星）』……………歌津町（現・南三陸町歌津）
『ハゴイタボシ（羽子板星）』……………牡鹿町字祝浜（現・石巻市谷川浜祝浜）
『ハナビボシ（花火星）』……………牡鹿町字祝浜（現・石巻市谷川浜祝浜）
『タマカザリ（玉飾り）』……………気仙沼市田谷
『ツチグレボシ』……………気仙沼市（住所不記）
ヒアデス星団
『タガラボシ』……………牡鹿町泊浜（現・石巻市泊浜）
『カリマタ（雁又）』……………唐桑町鮪立（現・気仙沼市唐桑町鮪立）
『モッコ』……………唐桑町（現・気仙沼市唐桑町）各地
アルデバラン

『ムヅラ（プレアデス）ノアドボシ（六連の後星）』……雄勝町水浜（現・石巻市雄勝町水浜）
『オクサノアドボシ』……雄勝町水浜（現・石巻市雄勝町水浜）
『ザクノアドボシ……歌津町字馬場（現・南三陸町歌津馬場）
『ムヅラノサギボシ（六連（オリオン）の先星）』…唐桑町高石浜（現・気仙沼市唐桑町高石浜）

ぎょしゃ座

カペラ（ぎょしゃα星）
『オクサノニラミ』……牡鹿町泊浜（現・石巻市泊浜）
『ドウナカマツグイ（真中松杭）』……唐桑町鮪立（現・気仙沼市唐桑町鮪立）
『ザクノサギ（マエ）ボシ』……歌津町字馬場（現・南三陸町歌津馬場）

こぐま座

こぐまβ星・こぐまγ星の二星が北極星を守る〝竹矢来〟と見立てたもの
『ヤライノホシ（矢来の星）』……七ケ浜町吉田浜
『ヤレーノフタツボシ（矢来の二つ星）』……亘理町荒浜
北極星（こぐまα星）

『キタボシ（北星）』………………………七ケ浜町
『キタノホシ（ス）（北の星）』………仙台市若林区荒浜
『キタノヒトツボシ（北の一つ星）』…宮城県内各地
『キタノオオボシ（北の大星）』………志津川町戸倉滝浜（現・南三陸町戸倉滝浜）
『オオボシ（大星）』………………………唐桑町堂角（現・気仙沼市唐桑町堂角）
『キタノヒトツ（北の一つ）』…………宮城県北各地
『ヒトツボシ（一つ星）』…………………仙台市太白区袋原／歌津町（現・南三陸町歌津）
『ホウガクボシ（方角星）』………………歌津町（現・南三陸町歌津）
『ネノホシ（子の星）』……………………亘理町荒浜
『ネボシ（子星）』…………………………志津川町滝浜（現・南三陸町志津川）
『ミチシルベ（道しるべ）』………………仙台市太白区中田
『タメシボシ（試し星）』…………………亘理町荒浜
『ホクシン（北辰）』………………………仙台市太白区中田
『キタノイチバンボシ（北の一番星）』…歌津町（現・南三陸町歌津）／矢本町（現・東松島市矢本）
『イチバンボシ（一番星）』………………歌津町石浜（現・南三陸町歌津石浜）
『オヤボシ（親星）』………………………歌津町（現・南三陸町歌津）

## おおぐま座

### 北斗七星

『ナナツボシ（七つ星）』……………七ケ浜町／歌津町（現・南三陸町歌津）
『ナナヨノホシ（七曜の星）』………気仙沼市／志津川町（現・南三陸町志津川）
『ヒシャクボシ（柄杓星）』…………牡鹿町泊浜（現・石巻市泊浜）
『シシャクボシ（柄杓星）』…………仙台市太白区中田
『シャグスボシ（杓子星）』…………仙台市太白区袋原
『シャグシボシ（杓子星）』…………牡鹿町給分浜（現・石巻市給分浜）／歌津町（現・南三陸町歌津）
『シャグボシ（杓星）』………………女川町鷲神浜
『ヒヤグボシ（杓星）』………………唐桑町字港（現・気仙沼市唐桑町港）
『ヒャーグボシ（杓星）』……………唐桑町（現・気仙沼市唐桑町）
『シャグガタボシ（杓形星）』………女川町荒立
『シャグガタ（杓形）』………………女川町高白／歌津町（現・南三陸町歌津）
『ヒシャクガタ（柄杓形）』…………牡鹿町泊浜（現・石巻市泊浜）
『シャモツボシ（しゃもじ星）』……牡鹿町祝浜（現・石巻市祝浜）

『シゾウノホシ（四三の星）』……唐桑町鮪立（現・気仙沼市唐桑町鮪立）

『シジョウノホシ（四三の星）』……唐桑町（現・気仙沼市唐桑町）

柄杓の柄先のη星（ベネトナシュ）

『ケンサキボシ（剣先星）』……七ケ浜町吉田浜

からす座

『ヨツボシ（四つ星）』……気仙沼市／歌津町石浜（現・南三陸町歌津石浜）

『ヨツメ（四つ目）』……歌津町字馬場（現・南三陸町歌津馬場）

『ヨツガラ（四つ）』……唐桑町高石浜（現・気仙沼市唐桑高石浜）

おとめ座

スピカ（おとめα星）

『イワシボシ（鰯星）』……雄勝町水浜（現・石巻市雄勝町水浜）

こと座・わし座

ベガ・アルタイル

『タナバタボシ（七夕星）』……………唐桑町鮪立（現・気仙沼市唐桑町鮪立）
※イカ釣りの役星としてのベガとアルタイル
『アマノガワノメオトボシ（天の川の夫婦星）』…歌津町（現・南三陸町歌津）
『ハタオリボシ（機織星）』……………気仙沼市字赤岩五駄鱈（現・気仙沼市赤岩五駄鱈）／
気仙沼市字松川（現・気仙沼市松川）
『タナバタボシ（七夕星）』……………七ケ浜町吉田浜・歌津町（現・南三陸町歌津）
※七夕の空に光る星の総称として。

## 惑星

### 【金星】

『オオボシ（大星）』……………………唐桑町字載釣（現・気仙沼市唐桑町載釣）
明け方
『アケノオオボシ（明けの大星）』……唐桑町字馬場（現・気仙沼市唐桑町馬場）
『アケノミョウジョウ（明けの明星）』…宮城県内全域
『アケノミョウジン（明けの明神）』…亘理町荒浜／唐桑町鮪立（現・気仙沼市唐桑町鮪立）
『ヨアケボシ（夜明け星）』……………七ケ浜町／矢本町（現・東松島市矢本）

『アケボシ（明け星）』……………歌津町字桝沢（現・南三陸町歌津桝沢）
『ハネコボシ（跳ねこ星）』……七ケ浜町吉田浜
『ハネッコ（跳ねっこ）』………七ケ浜町吉田浜
『ヨアケノピンゾロ』……………七ケ浜町要害
『カシキナカセ（炊夫泣かせ）』……唐桑町鮪立（現・気仙沼市唐桑町鮪立）

夕方

『ヨイノミョウジョウ（宵の明星）』…宮城県内全域
『ヒグレボシ（日暮れ星）』………気仙沼市
『クレノオオボシ（暮れの大星）』……唐桑町字馬場（現・気仙沼市唐桑町馬場）
『クレノホシ（暮れの星）』………志津川町戸倉字津の宮（現・南三陸町戸倉字津の宮）
『クレボシ（暮れ星）』……………七ケ浜町吉田浜
『ユウグレボシ（夕暮れ星）』……気仙沼市
『クレノミョウジン（暮れの明神）』…亘理町荒浜
『ゴミョウジンサマ（御明神様）』……宮城町芋沢青野木（現・仙台市青葉区芋沢青野木）
『カメドリボシ（船蒼取り星）』……気仙沼市

【木星】
『ヨナカノミョウジン（夜中の明神）』…亘理町荒浜
『ホケジョウ（更け星）』…………歌津町字中山（現・南三陸町歌津中山）

彗星
『ナギナタボシ（長刀星）』／『ホシケン（星剣）』／『ハキボシ（箒星）』
『ハタグモ（旗雲）』／『トウメウボシ（灯明星）』
以上「元和元年ヨリ吉凶留帳」より……………迫町佐沼（現・登米市迫町佐沼）
『ホウキボシ（箒星）』……………宮城県内各地

流星
『オキョウボシ（お経星）』………牡鹿町字祝浜（現・石巻市祝浜）
『シニンボシ（死人星）』…………歌津町伊里前（現・南三陸町歌津伊里前）
『ネガイボシ（願い星）』…………矢本町（現・東松島市矢本）
『ネガイゴトボシ（願いごと星）』……歌津町（現・南三陸町歌津）各地
『オチボシ（落ち星）』……………歌津町上沢（現・南三陸町歌津上沢）

『ウラナイボシ（占い星）』……………歌津町字伊里前（現・南三陸町歌津伊里前）
『ニゲボシ（逃げ星）』……………歌津町石浜（現・南三陸町歌津石浜）
『ハシリボシ（走り星）』……………歌津町石浜（現・南三陸町歌津石浜）
『ホシクソ（星糞）』……………女川町鷲神浜
『ヒカリモノ（光り物）』……………津山町横山（現・登米市津山町横山）／迫町佐沼（現・登米市迫町佐沼）

※主に火球を言う。

月

『アラフネ（荒舟）』……………七ケ浜町吉田浜

※水平線や地平線にかかる月の位相（三日月とか半月）の傾き具合からの命名。
使用例「月がアラフネ（三日月が水平線上に浮かぶ舟のような傾き）になったから海が荒れるぞ」

未同定和名

『オトモボシ（御供星）』……………歌津町名足（現・南三陸町歌津名足）
『ツレボシ（連れ星）』……………唐桑町鮪立（現・気仙沼市唐桑町鮪立）

※月に接近した星の総称と思われる。
『イクサボシ（戦星）』／『ナガイキボシ（長生き星）』
『シミトウフボシ（凍み豆腐星）』／『シアワセボシ（幸せ星）』……以上、一迫町（現・栗原市一迫）

# おわりに

「星の和名」として一般的なものは、オリオン座の三つ星（ミツボシ）やおうし座のすばる（六連星・ムヅラボシ）の名のような、含まれる星の数からくるものと、北斗七星（ナナツボシ）の柄杓（ヒシャクボシ）の形からのように、その形状からの命名が圧倒的に多いです。数や形状からの命名は、そこに視線を向けさえすれば誰にでもその名の持つ意味合いが納得できます。つまり、もっとも自然で素朴な命名法です。

これに対し、お草の先星（ぎょしゃ座のカペラ）とか、お草の後星（おうし座のアルデバラン）などの名のように、ある星の何分前に昇るとか、何十分後に顔を出すとか、長年にわたる星の運行の状況観察から生まれた和名も存在します。その巡りに季節を読み取り、漁期の到来を知り、大海原に舟を出します。

「私ら漁師は星が頼りの人生（漁業）を送っていたもんですよ」

このような話を宮城県各地の浜や港で伺いました。自分なりに選んだ輝星や目印を設定し、その星に名をつけ、その巡りを察知する。確かな観察眼と洞察力がなければできることではありません。星の和名にはこのような裏付けや歴史があり、その名が代々受け継がれてきたのです。歴史ある「ふるさとの星」の名を消してしまってはいけない。そのことを記録（本）として残し後世に伝えるべきだとの考えに至り発刊を決意いたしました。

本書は、河北新報・文芸欄に歳時記のようなスタイルで連載（昭和六十二年一月四日〜十二月二十七日）された「ふるさとの星」をもとに再構成しています。記載の年月日・年齢・職業は当時（昭和六十二年）のままとし、また「先星・後星」などの星名は、それを伺った地での発音通り「サギボシ・アドボシ」のようにカタカナ表記にしています。

また、記載した星々の諸データは、国立天文台編纂《へんさん》の「平成二十七年・理科年表」によっております。

再構成にあたり、連載当時のフィルム写真をデジタル写真に変更。その労を担っていただいたのが、仙台天文同好会の前川義信氏、佐藤孝悦氏、牛坂一洋氏、十河《そごう》弘氏の四氏です。使用している図やイラストは天文台スタッフの立花沙由里氏の手になるものです。各氏には多大な協力をいただきました。

長年の「和名採集」の作業に理解と協力を示してくれた家族あっての本書発刊で

す。ありがとう。

仙台天文台の諸氏、並びに五藤光学研究所からも激励と協力をいただきました。発刊にあたり、さまざまなご教示をいただいた河北新報出版センター佐藤陽二氏、そして、スタッフの方々に心より御礼を申しあげます。

平成二十三年三月十一日に発生した「東日本大震災」は、宮城県のみならず東北地方の太平洋沿岸部の様相を一変させてしまうほどの大災害となってしまったことは記憶にも新しいことであります。

本書に記載された「星の和名」の多くは、宮城県沿岸部の浜や港の方々から伺った名やそのいわれです。被災された地域の一刻も早い復興を願うばかりです。

平成二十七年十二月

仙台市天文台　　千田　守康

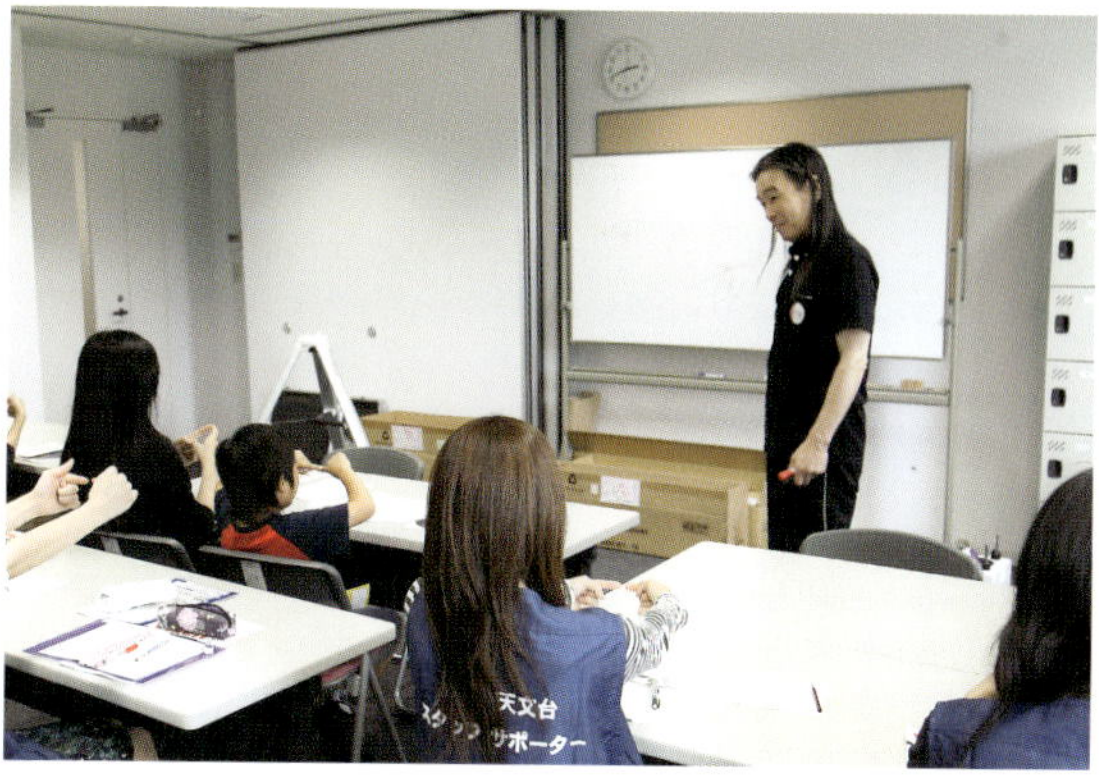


**千田　守康**（ちだ・もりやす）

●昭和22（1947）年生まれ、仙台市出身。仙台市天文台スタッフ

●中学時代「仙台天文同好会」に入会。ただただ星に憧れ、仙台市天文台に出入りし、天体観測に熱中する。東北学院大学卒業後、仙台市天文台に勤務。主に天文知識の啓もう普及業務（観測・観望・プラネタリウム解説及び番組制作）に携わる。

●ライフワークとして「星の和名」調査・採集を継続。平成20（2008）年から新天文台勤務。

仙台市宮城野区在住

# ふるさとの星 和名歳時記

発　行　　2015年12月17日　第1刷
著　者　　千田　守康
発行者　　小野木克之
発行所　　河北新報出版センター
〒980-0022
仙台市青葉区五橋一丁目2-28
河北新報総合サービス内
TEL　022(214)3811
FAX　022(227)7666
http://www.kahoku-ss.co.jp
印刷所　　山口北州印刷株式会社

定価は表紙に表示してあります。
乱丁、落丁本はお取り替えいたします。

ISBN　978-4-87341-340-2